Manuel
du Champignonniste

PROFESSIONNEL & AMATEUR

MANUEL

DU

Champignonniste

PROFESSIONNEL & AMATEUR

PAR

A. CAUCHOIS

Champignonniste
Membre du Conseil d'Administration du Syndicat des Cultivateurs
de Champignons de France

Préface de M. Albert MAUMENÉ O ✠

ILLUSTRÉ DE 32 GRAVURES DANS LE TEXTE ET HORS TEXTE
d'après des photographies de M. P. Ameilhaut
et les dessins de M. F. Postel

PARIS

LIBRAIRIE HORTICOLE

84 *bis*, RUE DE GRENELLE, 84 *bis*

—

1904

PRÉFACE

Des portes de Paris à la naissance des plateaux de Châtillon, de l'Haÿ et de Villejuif, çà et là se dressent parmi les cultures fruitières, maraîchères et florales, de grands cônes, construits en planches, dont le promeneur est visiblement intrigué et qui font ressembler ces paysages suburbains à quelque claim du pays de l'or, à une mine de pétrole au pays des dollars, ou à de gigantesques usines.

Ce sont, en effet, des exploitations d'un genre spécial que cachent aux yeux de tous ces champs laborieusement cultivés, vastes laboratoires d'une industrie souterraine, qui produisent une denrée exquise entre toutes : les Champignons, permettant ainsi à toute une corporation digne d'intérêt de faire produire le dessus et le dessous du sol.

Le spectacle est des plus curieux, surtout que cette industrie, d'origine parisienne, n'a atteint nulle part ailleurs le développement et l'importance économique qu'elle a depuis longtemps acquis sous les murs mêmes de la capitale. Cent vingt à cent cinquante champignonnistes exploitent, en effet, quatre cents anciennes carrières de pierres de taille et à plâtre qui forment le sous-sol du centre de Paris à Montrouge, Gentilly, Laplace, Arcueil et au delà. Les carrières de la région nord-ouest de Paris, Carrières Saint-Denis, Houilles, Herblay, Franconville, Ecouen, Montmorency, Méry-sur-Oise, Saint-Leu d'Esserent, Gouvieux, etc.;

celles de craie blanche du Bas-Meudon, de Clamart, de Saint-Germain en passant par Sèvres et par Bougival, Marly, Carrières-sous-Poissy, ont également été transformées en champignonnières. C'est assez dire la place que tient cette industrie dans la production nationale, laquelle atteint, quotidiennement, une moyenne de 25.000 kilogrammes, dont la vente annuelle est évaluée à plus de 12 millions de francs.

Cependant, la culture du Champignon reste un peu mystérieuse pour le grand public, comme d'ailleurs la constitution, l'évolution et la croissance de ce Cryptogame comestible.

Ce n'est pas que la littérature horticole et agricole ne possède aucun livre traitant cette question ; mais presque tous n'atteignent pas le but visé. Il manquait donc, dans la bibliothèque du professionnel comme dans celle de l'amateur, un ouvrage parfaitement ordonné sur le Champignon. Le champ était libre et vaste, le sujet tentant, et il pouvait paraître étonnant, qu'en présence d'une industrie aussi moderne par ses perfectionnements, il n'existât pas un ouvrage établi à la hauteur des connaissances actuelles. C'est un professionnel autorisé qui s'est chargé d'en assurer la réalisation.

Praticien en même temps que technicien, puisqu'il exploite aux environs de Paris une des plus vastes cultures de Champignons, M. A. Cauchois s'est efforcé de renseigner les champignonnistes professionnels et amateurs, d'une façon précise en dégageant les procédés culturaux des préjugés erronés, des méthodes routinières, pour préconiser ceux vraiment rationnels et mettre en relief ce qui doit être retenu de ses propres expériences et des dernières découvertes scientifiques.

Il est des œuvres techniques qui ne laissent point deviner le professionnel. Ce n'est pas le cas de ce livre. L'auteur s'est en effet donné la mission de condenser l'ensemble des connaissances acquises, en pensant fort justement que cela ne suffisait pas encore. C'est pourquoi il en a étudié plus minutieusement certains côtés.

De l'étude scientifique, il a gardé ce qui était accessible à tous ; des procédés nouveaux, il a dit ce qu'il fallait retenir ; des méthodes culturales en usage, il a fait ressortir ce qui était empirique.

La matière de ce livre est une étude sincère d'un homme qui aime son métier et veut le faire progresser. Cela devait être dit pour définir l'auteur dont l'esprit précis n'observe pas par pure curiosité d'amateur, mais pour en dégager les conséquences et en tirer un raisonnement. Le résultat de ses observations, ses notes, sont devenus des chapitres et les chapitres ont fait la matière d'un volume.

C'est ce livre que j'ai la mission de présenter.

L'idée initiale et directrice, dans l'élaboration de ce travail, a été de vulgariser les côtés scientifiques de cette culture, qui sont encore lettre morte pour maints professionnels, et de faire ressortir les progrès que la théorie, alliée à la pratique, ont permis de réaliser.

Après s'être arrêté à parler de la constitution des Champignons en général, des parasites, de la structure de l'Agaric cultivé, qui fait l'objet du livre, l'auteur s'étend sur ses ennemis, donne les remèdes et les moyens de destruction préventifs et curatifs. Il montre successivement au lecteur, afin qu'il n'en ignore l'intérieur

de ces carrières transformées aux yeux du profane en
mystérieuses officines; comment on doit les aménager;
dit les moyens d'accès; comment en assurer l'humidité
atmosphérique et le renouvellement de l'air si on ne
veut pas voir les Champignons « bouder », d'où nécessité
de profiter ou d'établir des « sondes », de modérer ou
d'accélérer l'aération par le jeu des cloisons, ou « agues »,
des portes, disposées dans l'extraordinaire dédale
des galeries, des braseros et des appareils plus puis-
sants pour les grandes exploitations. Il l'initie ensuite
aux choix des matières qui servent de substratum au
Champignon, décrit les manipulations et les façons
qu'elles doivent subir depuis leur disposition en « plancher » sur la « forme » jusqu'au « montage des meules »;
et, en chercheur qu'il est, il laisse prévoir le moment
où, pour des considérations d'ordre économique, le
fumier pourra être remplacé par un autre composé.

Les opérations culturales, qui se succèdent depuis le
« lardage », le « gobetage », le « talochage », et pendant la
curieuse croissance du Champignon, jusqu'au moment
tant attendu de la récolte; la façon dont on doit
effectuer la cueillette, « l'essouchage », etc., sont exposées
avec tous les détails curieux qu'elles comportent.

Les procédés d'amateurs, l'utilisation des locaux dont
ils disposent, les moyens à leur portée sont examinés
avec le même esprit pratique.

Obtenir des Champignons n'est cependant pas tout.
Si l'amateur cultive pour ses besoins, et ne regarde pas
tant au prix de revient qu'à la beauté des produits, le
cultivateur ne doit pas négliger ces deux éléments. La
tâche de ce dernier est plus ardue; il doit vivre de

sa profession, dont les risques sont multiples, et, par
conséquent, se doubler d'un industriel. C'est pour cela
que l'auteur traite la question de vente et de conservation des Champignons. Si le premier point a moins
d'attrait pour l'amateur, le dernier présente pour lui
un grand intérêt, puisqu'ainsi il peut conserver le sur-
plus de la récolte journalière par des procédés à sa
portée.

De nombreuses reproductions photographiques dé-
monstratives, ajoutent au texte l'attrait d'une illus-
tration intelligemment comprise.

Tel est, dans son ensemble, ce livre dont l'utilité
n'échappera ni au professionnel ni à l'amateur. Ils
constateront avec moi que l'idée de perfectionnement
n'est pas exclusive de l'esprit pratique et des données
économiques.

Ce n'est pas la place, et je n'ai pas non plus l'auto-
rité, pour dire quel succès mérité il obtiendra; mais je
le souhaite très grand et en rapport avec les services
qu'il rendra.

Albert MAUMENÉ.

Paris, 21 février 1904.

CHAPITRE PREMIER

LES CHAMPIGNONS ET LES SPORES

I. Des Champignons en général : leurs formes. — II. Leur composition et leur existence. — III. Les Champignons charnus. — IV. Forme et couleur des spores. — V. Les stérigmates, les basides, les cystides. — VI. Germination des spores.

I. — Des Champignons en général : leurs formes.

Les Champignons sont aujourd'hui universellement classés dans le règne végétal. Ils sont rangés parmi les végétaux dont l'organisme est le plus simple ; ils forment la classe des *Cryptogames*, la plus grande des végétaux et se rencontrent partout, des régions brûlantes de l'Équateur jusqu'aux latitudes les plus reculées des Pôles, du fond des vallées aux sommets des montagnes, dans les plaines, dans les souterrains, etc, affectant les formes les plus variées et les plus bizarres.

Ceux qui viennent à la surface du sol sont très nombreux : ils vivent le plus souvent sur des corps organisés et en activent la décomposition. D'autres, les parasites, quelque microscopiques qu'ils soient, sont la base de toute la vie ; ils s'attaquent à tout : aux roches les plus dures, aux arbres, aux plantes, aux feuilles, et, en contribuant à leur décomposition, préparent ainsi l'élément qui doit servir de nourriture aux plantes supérieures.

Partout où un atome organique existe, on rencontre les Champignons, et pour leur part, les arbres et les plantes en nourrissent plusieurs milliers d'espèces qui transforment leurs tissus en d'autres organismes. Ils s'attaquent aussi à l'homme et aux animaux et sont alors plus généralement désignés sous les noms de : *Microbes*, *Bactéries*, *Spyrilles*, etc. Là, encore, ces Cryptogames travaillent à leur œuvre de transformation en causant les maladies telles que : la teigne, le muguet, la phtisie pulmonaire, l'ergotisme pulmonaire ou gangréneux, etc.

Malgré l'infinie diversité de leurs formes et de leurs tissus, leurs organes de végétation sont les mêmes. Entre certaines espèces, il semble exister une différence considérable, mais la nature a comblé ces espaces apparents par d'autres séries d'espèces.

II. — Leur composition et leur existence.

Les Champignons sont formés par une agglomération de cellules dans lesquelles tous les phénomènes de la vie végétative : respiration, circulation, absorption, nutrition, etc, trouvent moyen de s'accomplir. Et ce sont toujours ces cellules qui, tantôt arrondies, tantôt allongées, leur donnent les formes les plus variées et les plus capricieuses. Ces cellules n'obéissent à aucune loi ; un vrai génie d'invention semble présider à leur conformation extérieure et souvent les transformer des plus bizarrement en de vrais chefs-d'œuvre.

La substance intérieure des Champignons est généralement blanche, jaunâtre, grisâtre, noire ou rouge brun; quelques-uns changent de couleur quand on les casse; cela provient sans doute de l'oxydation d'un composé du tissu organique. A l'extérieur, il s'en rencontre de

Fig. 1. — *Pratella campestris.*

1. Cellules du parenchyme. — 2. Cystides. — 3. Basides. — 4. — Stérigmates. — 5. Spores. — 6. Jeunes Champignons en formation. — 7. Coupe d'un Champignon bon à cueillir pour la vente. — Champignon à maturité et spores.

toutes nuances : blanc, bleu, rouge, violet, orange, brun, rose, châtain, s'y trouvent pêle-mêle, à l'exception toutefois du vert d'herbe, ce qui s'explique facilement par l'absence de la chlorophylle chez ces végétaux.

Leur consistance est également très variable : ils sont spongieux, bulbeux, cotonneux, gélatineux, charnus, ligneux, etc.

Les uns ont une existence passagère et accomplissent toutes les phases de leur évolution en quelques heures seulement, tels sont les *Coprins*. D'autres, au contraire, de nature coriace, mettent plusieurs années à se développer. Certaines espèces bravent impunément toutes les rigueurs des hivers, tandis que d'autres tombent en décomposition sous l'action du premier gel. En général, la plupart des *Polypores* sont très vivaces, et un d'entre eux le *Polypore combustible* qui croît sur le Chêne, peut vivre cent ans avec ce roi des forêts.

III. — Les Champignons charnus.

Au milieu de cette infinité de Champignons, ceux qui nous intéressent et dont nous nous occuperons ici appartiennent à la catégorie des Champignons charnus.

Ce sont ceux auxquels, dans le langage usuel, on donne précisément le nom de Champignons et que dans le langage scientifique on désigne sous le dénomination de « Champignons supérieurs ».

Ils sont généralement formés de deux parties bien distinctes : l'une supérieure, organe de protection qui forme la partie chair du Champignon ; l'autre inférieure, appelée *hyménium* (4, fig. 2).

Cette dernière est formée chez les *Agaricinées* par un tissu cellulaire disposé en lames ou feuillets très nombreux et très minces, partant du centre. Ce sont ces *lamelles* qui portent les *basides* (3, fig. 1), au sommet desquelles sont les *stérigmates* (4, fig. 1) qui, à leur tour, supportent les *spores*, lesquelles sont généralement au nombre de quatre par baside.

Ces spores (8, fig. 1), d'une excessive ténuité, sont fort nombreuses ; certains Champignons en contiennent des millions de milliards. Transportées dans l'air au gré des vents, il n'est pas d'endroit où elles ne s'insinuent, et, si le milieu où elles tombent leur est favorable, elles y germent, se développent et donnent naissance à une petite touffe mycélienne qui se ramifie par une sorte de bourgeonnement. C'est le *mycélium*, ou autrement dit la plante, qui donnera ainsi la vie au Champignon qui en est le suprème couronnement, c'est-à-dire la fleur et le fruit.

En effet, contrairement à ce que de nombreuses personnes croient fermement, la partie extérieure du Champignon de couche n'est pas l'appareil végétatif de la plante, mais bien l'appareil fructifère ou reproducteur formé par l'ensemble du pied, du chapeau et des lames, qui constituent l'appareil de la fructification.

Cet organe naît d'un réseau de filaments entrelacés ou cachés dans le sol qui en est la partie végétative, le mycélium. C'est ce dernier, constitué par l'ensemble des filaments blanchâtres, que l'on nomme encore blanc de Champignon.

Les éléments reproducteurs, à qui l'on donne le nom de *spore*, et dont le développement redonne un nouveau mycélium et de nouvelles fructifications, naissent sur les lames du chapeau, ainsi que nous allons l'examiner.

IV. — Forme et couleur des spores.

Quoi qu'en aient dit certains auteurs, et d'après les intéressantes découvertes de Pasteur, la théorie du transport dans l'air des spores du Champignon est suffisante, pour que nous puissions affirmer ici que la végétation spontanée n'existe pas comme on l'a cru longtemps, comme maintes personnes le croient encore.

Les spores servent à la reproduction des Cryptogames, de même que les graines servent à la reproduction des Phanérogames.

Leur forme varie selon les espèces ; elles sont rondes, ovales, allongés, lisses, fusiformes, tuberculeuses, etc.

Leur couleur est non moins variable et toutes les nuances : blanc, rose, jaune, noir, pourpre, ocre, s'y rencontrent.

La plus volumineuse de ces spores est microscopique.

V. — Les stérigmates, les basides, les cystides.

Avant leur chute, les spores sont supportées par des sortes de petits tubes appelés *stérigmates*. Les stérigmates, eux-mêmes, ainsi qu'il a été dit plus haut, sont supportés par les *basides*, qui, d'une part, communiquent avec eux et de l'autre avec le tissu cellulaire. Les jeunes basides laissent secréter un liquide qui, traversant les stérigmates, se dirige à leur extrémité pour concourir à la formation des spores. Il existe, en outre, au milieu des basides, de petites vésicules variant beaucoup dans leur forme et leur dimension : ce sont les *cystides anthéridies* ou *pollinaires* qui servent à la fécondation des spores de ces mystérieux végétaux, comme les anthères dans les plantes à fleurs.

VI. — Germination des spores.

Chez tous les individus adultes de la même espèce, les spores ont une couleur permanente et constante. Ce sont elles qui donnent leur teinte aux lamelles des Champignons et servent dans la classification des familles.

Les spores germent sous l'influence de la chaleur, de l'humidité de l'air et de l'électricité à une température variant de 1 degré centigrade au-dessus à 120 degrés suivant les espèces. Quand elles ont germé, elles donnent naissance à un filament simple et cloisonné qui se ramifie dans tous les sens : c'est le *mycélium* ou *thalle*.

CHAPITRE II

LE MYCÉLIUM

I. Différentes végétations du Mycélium. — II. Fructification
du Mycélium. — III. La dégénérescence chez les Champignons. — IV. La structure du Champignon. — V. La volve.
— VI. Le pied. — VII. Le collier. — VIII. Le chapeau. —
IX. L'Hymenium.

I. — Différentes végétations du Mycélium.

Le *mycélium* se forme et s'accroit avec rapidité ; son
tissu est scléroïdale ou nématoïde. Il est généralement
blanc, quelquefois rouge ou brun, sa composition est
simple. Il forme la partie vivante dans l'évolution du
Champignon, qui, lui, n'est que le fruit, il constitue
pour ainsi dire, la souche, la plante.

Le mycélium a une existence qui lui est propre ; il
peut végéter à la surface du sol, il peut pénétrer dans
ce dernier, sous les feuilles, sous le fumier ou sous
maintes autres matières, sans fructifier. Ce n'est que si les
éléments lui sont favorables qu'il donnera naissance au
Champignon. On voit alors apparaître de petites vésicules, quelquefois isolées, mais le plus souvent groupées.
Il est impossible, à ce moment, de pouvoir dire à quelle
variété ou à quelle catégorie ces petites nodosités vont
appartenir.

Pendant un temps sensiblement variable suivant les
espèces, elles ont un moment d'arrêt, peut-être le temps
d'absorber les éléments nutritifs nécessaires à l'organisation de leurs cellules, sauf à agglomérer celles-ci

d'une manière différente en constituant ainsi d'autres types formés des mêmes éléments. Tels, par exemple: les *Agarics*, les *Polypores*, les *Morchelles*, etc.

II. — Fructification du Mycélium.

Chez certains Champignons, le mycélium après avoir fructifié s'épuise ; chez d'autres, comme celui du *Polypore tuberaster*, il rentre dans le repos et, dès que les circonstances lui redeviennent propices, il donne naissance à de nouveaux produits; enfin, il en est que l'on peut dessécher sans qu'il s'altère en aucune façon, comme celui de l'*Agaricus* ou *Pratella campestris*, Champignon de couche, qui peut se conserver indéfiniment sans perdre sa faculté végétative. Toutefois, tant que les circonstances ne lui sont pas favorables, il reste dans une inertie complète ; mais, placé dans les conditions d'humidité, de température et d'éléments propres à son évolution, il émet aussitôt de petits renflements qui grossissent et se développent avec rapidité, (ce qui explique l'apparition spontanée d'une multitude de ces végétaux) pour former ce que l'on appelle vulgairement le *Champignon*.

III. — La dégénérescence chez les Champignons

Chez les végétaux Phanérogames, la reproduction d'une même plante dans le même milieu provoque à chaque végétation nouvelle, une dégénérescence qui s'accentue graduellement. Il se produit pour les Cryptogames un phénomène analogue, mais bien plus accusé encore : en effet, lorsque le mycélium a végété et fructifié sur un composé quelconque, fumier ou autre, il ne revient jamais sur ce même milieu : tel est le cas pour le Champignon cultivé. Le même fait s'observe également-

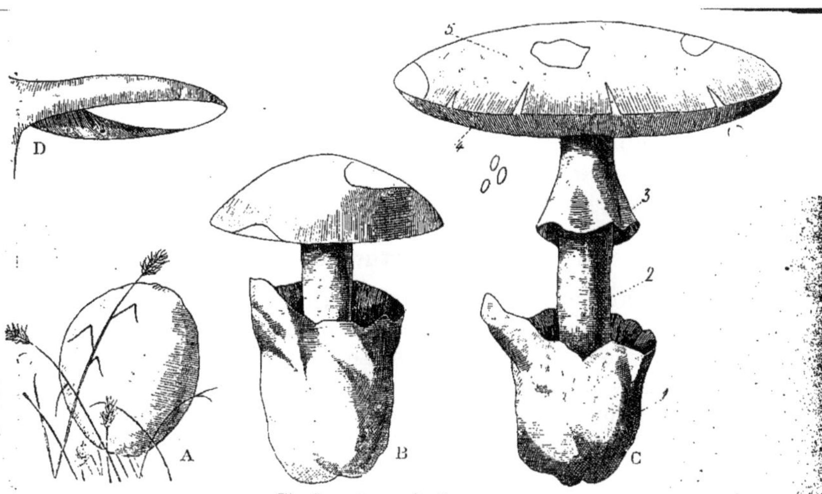

Fig. 2. — *Ammanita Cesarea.*

A. Jeune Ammanita dans sa volve. — B. Ammanita à un degré de végétation plus avancé. — C. Ammanita à sa maturité : 1. Volve; 2. Pied; 3. Collier; 4. Hyménium et spores; 5. Chapeau avec débris de la volve restés adhérents à l'épiderme. — D. Coupe du chapeau.

ment chez beaucoup de Cryptogames qui croissent naturellement dans les bois.

C'est ainsi que les mycologues ont pu constater la disparition totale d'une espèce de Champignons qu'ils avaient l'habitude de rencontrer depuis un certain temps au même endroit. Cette disparition provient de ce que le mycélium, ayant absorbé tous les éléments nécessaires à sa fructification, s'est résorbé faute de nourriture. Il est probable qu'il laisse, à la place qu'il occupait, des spores, à l'état latent. Ces spores germeront lorsque le milieu se sera reconstitué et pourra leur fournir à nouveau les aliments qu'elles demandent.

Les Champignons reparaîtront alors au bout d'un temps plus ou moins long, sans doute le temps nécessaire à la reconstitution du milieu par la décomposition des végétaux supérieurs.

IV. — La structure du Champignon.

Ordinairement, à l'air libre, les organes de la reproduction ou Champignon présentent les couleurs et les formes les plus variées. Les uns sont filamenteux, les autres membraneux; ceux-ci imitent des ombrelles, des massues, des cornets, des feuilles, ceux-là des tubercules, des soucoupes, des étoiles, d'autres ont l'aspect du corail, etc.

Dans les espèces à structure complexe, telles que l'*Ammanite* (fig. 2) ou Oronge jaune, le Champignon se compose :

1° D'une *volve* (A et 1, fig. 2).

2° D'un *pied* (2, fig. 2) ceint d'un *collier* (3, fig. 2) ou *collerette*.

3° D'un *chapeau* (5, fig. 2), organe protecteur de *l'hyménium* (4, fig. 2).

V. — La Volve.

La volve est une membrane qui, dans le jeune âge, enveloppe les organes reproducteurs. Elle a la forme d'un œuf. Sous l'influence de la végétation, cette membrane se déchire en deux parties : l'une, inférieure, qui reste fixée à la base du pédicule ; l'autre, supérieure, qui s'attache en plaques irrégulières à la surface du chapeau. Ces plaques, suivant leurs formes, servent à la distinction des variétés.

La *Volve* est dite complète, lorsqu'elle reste entièrement adhérente à la base du pédicule et incomplète quand, au contraire, elle abandonne quelques-uns de ses débris à la surface du chapeau.

VI. — Le Pied.

Le pied ou *pédicule*, nommé aussi pilier, est la partie du Champignon qui supporte le chapeau ; il varie de forme et de volume. Tantôt plein ou creux, généralement cylindrique, quelquefois renflé ou bulbeux, à sa partie inférieure, atténué à sa partie supérieure, parfois ceint d'un collier, mais le plus souvent lisse, poilu, tomenteux, squameux, il est encore charnu ou fibreux, cartilagineux ou coriace, et se montre central, excentrique ou latéral.

VII. — Le Collier.

Le collier est une sorte de membrane qui s'étend du bord du chapeau au pédicule et qui, chez beaucoup de Champignons, recouvre l'hyménium. Sous l'influence du développement du chapeau, cette membrane se déchire et ses débris restent adhérents à celui-ci ou au pédicule, au sommet duquel il forme une sorte de collerette. Beaucoup de Champignons manquent de collier et de volve. Ce sont ces différences de conformation qui permettent de distinguer les genres.

VIII. — Le Chapeau.

Le *chapeau* ou *réceptacle* est l'organe protecteur de l'hyménium ; il est infiniment variable dans sa forme et sa couleur. Il est imbriqué, conique, convexe, concave, à surface plane ou déprimée, enroulé en dessus ou en dessous, écailleux, pulvérulent, etc. Il est généralement recouvert d'un épiderme qui varie de couleur suivant les espèces et qui, chez certains individus, s'enlève avec facilité, tandis que chez d'autres il reste adhérent à la partie charnue du chapeau.

IX. — L'Hyménium.

L'Hyménium occupe la face inférieure du chapeau ; il est composé de lamelles allant du pédicule au bord du réceptacle. Ces lamelles ont une grande variété de formes, elles sont sinuées, écartées, libres, échancrées, décurrentes, fourchues, anastomosées et souvent de différentes longueurs chez le même individu. Elles se composent de cellules qui font suite à celles dont est formée la chair du chapeau, mais d'un ordre différent.

A leur centre sont situées les cellules de la trame : de chaque côté il existe d'autres cellules qui supportent les *basides*. A celles-ci sont attachés les *stérigmates*, au nombre de quatre par baside ; ainsi que nous l'avons déjà dit, chaque stérigmate supporte une *spore*.

CHAPITRE III

LA VIE ET LES DIFFÉRENTS MODES
DE VÉGÉTATION CHEZ LES CHAMPIGNONS

I. La respiration. — II. La nutrition et la composition
chimique des Champignons. — III. La symbiose. — IV. La
symbiose harmonique. — V. La symbiose disharmonique
ou parasitisme. — VI. Le saprophytisme. — VII. Les
ferments.

La vie ne se manifeste sur la terre qu'à la condition
que tous les êtres, animaux ou végétaux se nourrissent
et respirent. Si l'une ou l'autre de ces fonctions vient
à manquer, c'est la mort à bref délai.

I. — La Respiration.

Chez l'homme et les animaux, les phénomènes de la
respiration s'accomplissent par la rentrée de l'air atmosphérique dans les poumons, qui absorbent l'oxygène et
rejettent le gaz acide carbonique, Les *Cryptogames*,
plantes cellulaires sans chlorophylle, et dépourvues des
organes ordinaires de respiration qui caractérisent la
vie supérieure, ne tirent pas pour cela leur vie exclusivement du mycélium. En contact avec l'air, ils absorbent par toutes leurs parties les gaz nécessaires à leur
composition et exhalent, d'une manière constante et
abondante, le gaz acide carbonique; Wilson a constaté
qu'un *Lactarius piperatus* en rejette 59 milligrammes
en une heure; ils peuvent donc en cela être comparés
aux animaux.

Les végétaux *Phanérogames*, obéissant aux lois de la nature, et rétablissant ainsi l'équilibre, sont de véritables machines à purifier l'air. Sans eux, la vie ne serait pas longtemps possible, car ils absorbent par les stomates des feuilles, des bourgeons et des autres parties vertes, pendant l'accomplissement de la fonction chlorophyllienne, le gaz acide carbonique et dégagent, au contraire, l'oxygène nécessaire à notre existence.

II. — La nutrition et la composition chimique des Champignons.

Les Cryptogames tirent du sol et des matières organiques en décomposition ou non, les substances dont ils ont besoin comme nourriture.

Gillet estime à 52 0/0 la quantité de matières azotées contenues dans le Champignon de couche.

La composition chimique des Champignons supérieurs présente une grande analogie avec celle des animaux et nous avons vu plus haut que leur respiration s'effectue comme dans le règne animal.

Les analyses ont démontré que les mêmes éléments se rencontrent, dans une proportion plus ou moins grande, chez les différentes espèces, ce sont : l'eau, la cellulose, des matières grasses, des substances aromatiques et colorantes, des sels de potasse, de silice, des matières azotées : osmazome, albumine, gélatine, etc. Aussi leur décomposition ou putréfaction donne-t-elle lieu à un abondant dégagement d'ammoniaque. Ils constituent ainsi un engrais très puissant. La végétation plus vigoureuse des plantes où ils croissent et où l'on étend des matières ayant servi à leur culture sont autant de preuves concluantes.

La quantité d'azote, de matières grasses, de potasse,

de glucose et d'huiles qu'ils renferment, rendent les
espèces comestibles précieuses comme aliments.

III. — La Symbiose.

La *Symbiose* est, à proprement parler, l'union de deux
ou plusieurs plantes qui, bien que vivant intimement
liées, ne constituent pas moins deux vies distinctes.

Dans certains cas, comme cela existe entre les Graminées des prairies et le *Pratella campestris*, les deux
plantes profitent de leur association et leur commun
développement est prospère : il y a alors *Symbiose harmonique*. D'autres fois, l'une seulement des plantes
associées tire profit de cette communauté et provoque
même très souvent le dépérissement de l'autre, tel le
Mycogona perniciosa qui vit au détriment du *Pratella*
et le déforme complètement : c'est la *Symbiose disharmonique* ou *Parasitisme*.

IV. — La Symbiose harmonique.

La *symbiose harmonique*, qui désigne l'association de
deux ou plusieurs plantes à bénéfice réciproque, est
réalisée dans les *Lichens*, dans les nodosités des racines
des Légumineuses, dans les mycorhyzes des racines de
Graminées, etc.

Les *Lichens* sont des plantes doubles comprenant
une *Algue verte* et un *Champignon* de l'ordre des
Ascomycètes. C'est ce dernier qui tient la plus grande
place dans les Lichens et c'est lui qui fixe le *thalle* ou
mycélium au support nourricier, rocher, écorce, etc.

Lorsque le Lichen végète sur un bloc de pierre aride,
la solidarité des deux plantes qui le composent est
réellement frappante. Seule, l'Algue ne pourrait vivre
sur la roche qu'à la condition d'y trouver une humidité
constante. Cette humidité lui est fournie par la couche

corticale du Champignon qui empêche la dessication, il lui procure en outre sa nourriture par les sels minéraux qu'absorbent ses rhizines et l'anhydride carbonique provenant de sa respiration.

Quant au Champignon, son existence serait impossible sur cette roche si son aliment ne lui était transmis par son associé qui le lui élabore à l'état d'oxygène, pendant l'assimilation chlorophyllienne de l'anhydride carbonique. C'est donc grâce à la symbiose harmonique : Algue et Champignon, peuvent subsister sous forme de Lichen là où, ni l'un ni l'autre, ne pourraient vivre isolément ; et c'est de cette entente que provient l'origine de la terre végétale fournie par les roches dont ils activent la désagrégation.

Les nodosités ou *Bactéroïdes* associées aux racines des *Légumineuses Papilionacées* (Trèfle, Luzerne, Sainfoin) sont d'un grand intérêt en ce qu'elles sont douées du pouvoir d'assimiler directement l'azote libre atmosphérique, alors que les plantes qui en sont dépourvues doivent être alimentées par combinaisons azotées, (azotate). Les produits organiques, résultant de cette assimilation, sont, au fur et à mesure, transmis aux Légumineuses dont la végétation donne alors son maximum de rendement. C'est cette particularité symbiosique qui vaut aux Légumineuses le pouvoir améliorant qu'elles possèdent, avantage bien connu des agriculteurs qui s'en servent pour fixer dans le sol les éléments azotés nécessaires au blé, matières nutritives dont il a besoin et qui sont distribuées sous forme de sels azotés. Il en est à peu près de même dans l'association du mycélium du *Pratella campestris* aux radicelles des Graminées avec lesquelles il forme des *Mycorhyzes*. Dans ces conditions, le mycélium, au lieu de se développer comme lorsqu'il végète sur le fumier, se réduit à quelques petits filaments très tenus qui tiennent la place des poils radiculaires. Ces mycorhyzes participent au bénéfice de la fonction chlorophyllienne et s'assimilent ainsi le carbone nécessaire à la nutrition du Cryptogame. La preuve qu'il s'agit bien là aussi d'une symbiose harmonique, c'est que les Graminées qui portent ces mycorhyzes acquièrent un plus grand développement dans leurs feuilles, dont la teinte, d'un vert sombre, les distingue entre toutes. La plante se ressent donc, à son tour, de son association avec le Champignon, et il est évident qu'elle profite des éléments azotés qu'il élabore, par fixation de l'azote atmosphérique.

V. — La Symbiose disharmonique ou Parasitisme

Toutes les fois que, dans les associations d'organismes, l'un des associés vit aux dépens de l'autre ou qu'il provoque une maladie, il y a Symbiose *disharmonique* ou *parasitisme*.

L'*Oïdium* (*Erysiphe tuckeri*) et le Mildew de la Vigne, la *Peronosporacée* qui vit sur la feuille du Chou, le *Peronospora* de la Pomme de terre, la Rouille et la Carie du blé (*Pucinia graminis*), l'Ergot du Seigle (*Claviceps purpurea*), la Molle du Pratella (*Mycogona perniciosa*), etc., sont autant de parasites des végétaux. Tous ces parasites (Cryptogames) sont dépourvus de chlorophylle; ils tirent donc nécessairement la totalité de leurs aliments (principes organiques et minéraux) des plantes hospitalières.

Lorsque le parasite est à chlorophylle (Phanérogames) tels : le *Mélampyre* des prés, la *Cuscute* de la Luzerne, le *Gui* des arbres, etc., leur action nuisible est généralement plus bénigne. La fonction chlorophyllienne existant chez lui, le parasite n'a plus à tirer de la plante sur laquelle il vit que les **principes minéraux de la séve brute.**

D'autres parasites, les *Bactéries pathogènes*, ceux-là les plus redoutables, engendrent certaines maladies contagieuses des hommes et des animaux, les ravages qu'ils font ne sont que trop malheureusement connus. Telles sont chez l'homme : la fièvre typhoïde (*Bacillus typhosus, Bacterium coli commune, Bacille d'Eberth,* etc.) le Choléra (*Spirillum choleræ, Komma-Bacille, bacille de Koch,* etc.), la Tuberculose, (*Bacille de Koch, Bacillus tuberculosis*), la Diphtérie, (*Bacillus diphteriæ, Bacille de Klebs* etc.), et bien d'autres encore.

Chez les animaux : Le Charbon (*Bacillus anthracis, Bacteridie asporogène*) le même chez l'homme ; la Morve (*Angioleucite farcineuse)* qui se manifeste aussi chez l'homme et débute par le *Virus* ; la Pneumo-antérite des Bovidés (*Septicémie hémorragique*); la Fièvre typhoïde pneumonie infectieuse du cheval (*Pasteurellose du cheval*), le Choléra des poules *(Micrococcus choleræ gallinarium*), etc. etc.

Comme on le voit, par ce rapide aperçu, les microscopiques malfaisants, ennemis des êtres supérieurs, sont nombreux, espérons que la science, qui a su les découvrir, permettra à l'homme d'en triompher.

VI. — Le Saprophytisme.

De ce que nous avons dit précédemment, il ne faudrait pas conclure qu'une plante qui végète en symbiose sur une autre est incapable de mener une vie libre. Certains Champignons, soit Bactérie, soit Champignon supérieur, qui ont une existence symbiosique ou parasitaire dans un milieu vivant, se développent et croissent très bien en *saprophytes* dans des milieux privés de vie (animaux ou végétaux morts). Tel est le cas du *Gui*, parasite dont la graine peut germer sans le concours d'une plante hospitalière; tel est encore le cas de l'Agaric champêtre, que l'on rencontre en symbiose harmonique avec les Graminées des prairies et que l'on retrouve en *saprophyte* sur les débris inorganiques: pailles, feuilles mortes, fannes sèches, etc., ainsi que sur le fumier. Comme on le verra plus loin, c'est cette particularité que nous utilisons dans la culture de cet Agaric qui n'est autre que le Champignon de couche.

Il est évident que, lorsque ces végétaux se développent sur la plante hospitalière, ils vivent aux dépens de la fonction chlorophyllienne ou de la plante elle-même; mais lorsqu'ils croissent sur les débris végétaux, ils doivent la vie à certains phénomènes qui, en décomposant les éléments que renferment ces matières inertes, leur permettent de se les assimiler; ces phénomènes sont dûs à la *fermentation* et à *l'oxydation*.

VII. — Les Ferments.

Si, dans l'innombrable quantité de Champignons inférieurs. il en est que nous combattons, car ils sont néfastes à l'homme, aux animaux ou aux plantes, il en est d'autres dont la science a su tirer un heureux parti et qui nous viennent en aide en maintes occasions. Ce sont les microbes de la fermentation ou *Microbes ferments*. Les uns nous préparent des boissons, les autres des aliments; ceux-ci sont les ouvriers invisibles, mais infatigables de certaines industries; ceux-là, encore, en transformant les matières auxquelles ils s'attaquent, préparent la vie aux plantes supérieures. etc., etc.

Parmi ces *Microbes ferments*, citons: Les *Levures* dont le *Saccharomyces ellipsoïde*, ferment du raisin; le

Micoderma vini, le destructeur de l'alcool ; le *Saccharomyces Cerevisiæ*, qui n'est autre que la levure de bière, etc., des *Mucédinées* parmi lesquelles le *Penicillum glaucum* et l'*Aspergillus niger*, qui transforment le lait en fromage, etc.

Les *Bactériacées*, qui nous donnent le *Micrococcus aceti*, fabricant de vinaigre, le *Micrococcus urex*, agent ordinaire de la fermentation ammoniacale, producteur du carbonate d'ammoniaque qu'il tire de l'urée ou de l'acide hippurique, le *Micrococcus nitrifricans* ou *nitrobactérie* qui transforme l'ammoniaque en acide nitreux et l'acide nitreux en acide nitrique, etc.

Les *Bacillus*, et parmi eux le *Bacillus butyricus*, agent de la fermentation butyrique des hydrocarbonés, le *Bacillus amylobacter* dont l'action directe est toute de destruction ; c'est lui en effet qui désagrège les membranes du tissu conjonctif des plantes ; il agit d'une façon néfaste en activant le flétrissement des fleurs coupées réunies en bouquets ou en gerbes. Il est le ferment du rouissage des matières textiles, et, aussi, avec le *Micrococcus urex*, les nitrobactéries et d'autres encore, le transformateur du fumier des chevaux, en fumier à Champignons. Il ne se développe qu'à l'abri de l'air (anaérobie) l'oxygène lui étant toxique ; aussi a-t-il comme protecteur le *Bacillus subtilis* (aérobie) qui lui prépare le terrain en formant par la couche de ses myriades d'individus un obstacle aux atteintes du gaz dangereux, etc.

Et combien d'autres pourrions-nous citer, sans parler de ceux qui échappent encore à la science, de ces travailleurs minuscules, nuisibles ou utiles, qui, malgré leurs rôles en apparence si différents, coopèrent tous à la transformation de la matière, transformation nécessaire à l'organisation des vies présentes et futures !

CHAPITRE IV

HISTORIQUE DE LA CULTURE
DES CHAMPIGNONS

I. Chez les Grecs et les Romains. — II. En Chine, en Italie
et dans les diverses régions françaises. — III. Culture de
la Morille. — IV. Du profit à retirer de la Symbiose.

I. — Chez les Grecs et les Romains.

La culture des Champignons n'est nullement compa-
rable à celle des végétaux supérieurs.

Pour arriver à de bons résultats de production il est
indispensable d'étudier le mode de végétation du mycélium et les éléments qui lui conviennent le mieux. Autant que possible, il faut le placer dans les mêmes conditions qu'il choisit pour se développer à l'état naturel.

Depuis les temps les plus reculés, on a cultivé les
Champignons, ainsi que le rapportent Dioscoride, Ta-
rentinus, Ménandre, Gallien, et après eux Pline, Césalpin et l'Ecluse.

La méthode dont parle Dioscoride consistait à pulvé-
riser l'écorce du Peuplier et à en répandre une légère
couche sur de la terre fortement fumée et humide. Ménandre nous dit que les Grecs les cultivaient en couvrant une souche de Figuier qu'ils arrosaient fortement.
Pline, Césalpin et l'Ecluse indiquent les mêmes procédés. Pline, entre autres, rapporte que, de son temps,
les Romains, qui en faisaient une grande consommation, les reproduisaient en couvrant un mélange de

terre et de fumier avec de la poussière d'écorce de Peuplier.

II. — En Chine, en Italie
et dans les diverses régions françaises.

Depuis la plus haute antiquité, les Chinois cultivent
les Champignons en recouvrant de terre des morceaux
d'écorce ou de bois pourri provenant du Peuplier, du
Châtaignier, de l'Orme, du Mûrier ou d'autres arbres.

Les Italiens cultivent l'*Agaricus catinatus* en faisant
provision de marc de café qu'ils renferment dans des
caisses ou dans des récipients en terre; ils les placent
dans un endroit humide et au bout de six à huit mois
la production commence. Ils cultivent également une
sorte de *Polypore*, le *Polyporus alvellanus*, en carbo-
nisant des souches de Noisetier.

On rencontre aussi, dans certains pays du midi, des
masses semi-terreuses qui ont quelquefois plus d'un
pied de diamètre. En examinant ces pierres avec attention, on voit qu'elles sont composées d'un tuf argilo-
calcaire durci et mélangé à des ramifications noires qui
ne sont autre chose que le mycélium d'un polypore : le
Polypore tuberaster. Ces pierres à Champignons mises
dans une cave chaude et arrosées, produisent pendant
deux à trois mois. On peut donc considérer ces agglo-
mérations pierreuses comme de vraies couches artifi-
cielles.

Dans les Landes, on cultive la *Russula virescens* de
la manière suivante : on fait bouillir des *palomets* (nom
vulgaire de la Russule) à grande eau pendant quelques
minutes; on laisse refroidir et avec le bouillon ainsi obtenu on arrose la terre préalablement nettoyée sous un
bouquet de Chêne vert. Le même procédé est employé
pour le *Boletus edulis*,

Dans le Midi de la France on pratique avec un certain succès la culture de divers Agarics et plus facilement l'*Agaric atténué*, d'après le procédé suivant : après s'être procuré une rondelle de Peuplier de 3 à 5 centimètres d'épaisseur et du plus grand diamètre possible, on la frotte avec l'hyménium de l'Agaric atténué (cette opération a pour but d'ensemencer le bois par les spores), puis on l'enfouit jusqu'à fleur de terre dans un endroit ombragé et humide. En procédant ainsi au printemps, on aura des Champignons à l'automne.

III. — Culture de la Morille.

Quelques amateurs sont arrivés à reproduire la *Morchelle* ou Morille de la façon suivante :

On creuse en automne une fosse d'environ 10 centimètres de profondeur, que l'on remplit de marc de pommes, sur lequel, de distance en distance, on place des Morilles sèches afin qu'elles déposent leurs spores qui servent de semences. Autant que possible, il faut avoir soin de prendre, pour cette opération, des Morilles cueillies dans les vergers. On couvre ensuite le tout avec du terreau ramassé sur la lisière d'un bois et provenant de branches et de feuilles tombées à terre. La couche ainsi établie, est recouverte d'une chemise de feuilles sèches en évitant de mettre celles qui sont trop larges ou dont la contexture ligneuse trop résistante pourrait entraver la sortie des Morilles.

IV. — Du profit à retirer de la Symbiose.

Certaines espèces de Champignons offrent la particularité de vivre tantôt en *saprophytes,* en tirant leur nourriture des éléments hydro-carbonés contenus dans les matières organiques en décomposition, tantôt en *symbiose* en s'associant aux radicelles de certaines plantes avec lesquelles ils vivent, se rendant ainsi des services réciproques.

Ces deux états de végétation, quoique très différents, peuvent, dans certains cas, devenir interchangeables, et de ce fait, servir à la culture.

Cela est incontestable, en effet, pour le *Pratella campestris* que l'on rencontre abondamment en automne dans les prairies où son mycélium, sous forme de mycorrhizes, est associé aux radicelles des Graminées : dans ce cas, il vit en symbiose.

Si nous voulons obtenir du mycélium, nous transformerons la symbiose en saprophytisme. Pour cela, il suffira de transporter du fumier aux endroits où nous aurons constaté cette symbiose, endroits facilement reconnaissables, soit par les Champignons qui y croissent, soit par le plus grand développement et la teinte vert sombre des Graminées.

Au bout de quelques jours, les mycorrhizes auront, par bourgeonnement, envahi le fumier, passant ainsi, sans transition apparente autre qu'un surcroît de développement du mycélium, du symbiosisme au saprophytisme.

Nous recommandons ce procédé, soit pour obtenir du blanc pour la culture, soit afin de constituer pour le *Pratella* un milieu de fructification plus rationnel que celui de la symbiose qui a besoin de certaines influences atmosphériques pour se manifester.

On peut opérer de même pour plusieurs variétés de Mousserons qu'il est facile de transporter ainsi d'un champ dans un autre. Pour cela, dans l'endroit où ils existent et que l'on appelle ordinairement *rond de sorcière*, parce que l'herbe y croît plus abondamment en forme de cercle, on prend une motte de terre mélangée à du mycélium et on la place dans le nouveau champ dans les mêmes conditions que celles où elle était auparavant.

Il est évident que la réussite de ces cultures primitives est subordonnée aux conditions naturelles plus ou moins favorables; toutefois elles laissent quelques espérances.

D'ailleurs, nous ne saurions trop encourager le développement de la culture artificielle, car le jour où on ne livrera plus à la consommation que des Champignons cultivés, on diminuera sensiblement le nombre des empoisonnements auxquels succombent encore chaque année une multitude de personnes.

CHAPITRE V

LE CHAMPIGNON DE COUCHE
ET SES VARIÉTES

I. Caractères. — II. Principales variétés.
III. L'ancienneté et les méthodes de culture du Pratelle.

Le Pratelle (*Pratella campestris*, *Agaricus campestris*, *A. edulis*, *Psalliota campestris*), est connu sous de nombreuses dénominations : *Agaric champêtre*, *Champignon de couche*, *C. de Paris*, *C. cultivé*, *C. boule-de-neige*, *Champignon des friches*, *C. des jachères*, *C. du fumier*, *Champignon comestible*, *Potiron*, *Mousseron*.

I. — Caractères.

Chapeau charnu, plan, arrondi, convexe; quelquefois, chez les adultes, sec, blanchâtre ou violacé, fauve ou incarnat; séricé, floconneux ou écailleux, à écailles ordinairement roussâtres, rarement lisse, se pelant facilement. Diamètre : 3 à 10 centimètres et plus quand il est adulte et dans ses variétés.

Chair ferme et épaisse prenant une légère teinte roussàtre ou brune à la cassure ou au toucher; odeur et saveur agréable, d'un goût de noisette prononcé.

Lamelles nombreuses et libres, inégales, serrées, plus ou moins ventrues, amincies aux deux extrémités, blanches, puis rosées, passant au brun chocolat en vieillissant.

Pédicule central, cylindrique, ferme, renflé à sa base,

blanc, lisse ou écailleux; collier blanc plus ou moins complet, persistant ou caduc.

II. — Principales variétés.

P. campestris alba : chapeau blanchâtre, soyeux, pédicule court.

P. campestris proticolla : chapeau chocolat, squamuleux, chair devenant rougeâtre.

P. campestris, vaporaria : chapeau lisse, brunâtre pâle lavé de rougeâtre; pied aminci supérieurement blanc rougeâtre au sommet, blanc jaunâtre à la base, collier entier ou déchiré.

P. campestris sylvicola : chapeau blanchâtre puis jaunâtre ou roussâtre, luisant, lisse, se gerçant en se développant. Lamelles cornées, lilas; pied allongé, conique, renflé à sa base.

P. campestris villatica : chapeau très grand, chair blanche épaisse, squameux ainsi que le pied.

Les variétés de *Pratella* se confondent avec le type principal dans la culture et se reproduisent aussi facilement que lui. C'est ce qui explique la grande différence de Champignons que l'on rencontre dans les carrières, mais chez lesquels, malgré ces écarts, il existe certains caractères communs et invariables.

III. — L'ancienneté et les méthodes de culture du Pratelle.

Le Champignon de couche est un des plus anciennement cultivé ainsi que l'attestent les témoignages de Dioscoride, Pline et Tournefort. Il est intéressant de jeter un coup d'œil en arrière sur cette culture, de parcourir les documents aussi nombreux que variés qui en traitent et de voir avec quelle persévérance et quelle ténacité les amateurs et les professionnels ont poursuivi à travers les siècles leurs essais et leurs recherches, pour en arriver à la méthode employée de nos jours dans les champignonnières sans rivales de la France.

Après avoir traité avec les détails qu'elles comportent les opérations multiples et délicates de la culture industrielle du Champignon de couche, nous indiquerons, en un chapitre spécial, les procédés culturaux usités en culture maraîchère et ceux dits d'amateurs dont les résultats pourront suffire aux besoins d'une famille et que l'on peut employer en toute confiance.

CHAPITRE VI

CULTURE INDUSTRIELLE
ET COMMERCIALE

I. Ses débuts, culture dans les Catacombes. — II. Utilisation des carrières. — III. Avantages et difficultés de la culture dans les carrières.

I. — Ses débuts, culture dans les Catacombes.

La culture industrielle du Champignon de couche a pris naissance dans la banlieue de Paris. Au commencement du siècle, elle se réduisait à l'application de la méthode des maraîchers, telle que Tournefort nous la dépeint déjà et avec beaucoup de précision sous Louis XIV.

Un peu plus tard, un horticulteur du nom de Chambry ayant remarqué que la lumière n'avait pas d'influence sur ces végétaux, eut l'idée de transporter cette culture dans les Catacombes, où il rencontrait des conditions plus convenables, celles-ci n'étant pas sujettes aux nombreuses et brusques variations de température et d'humidité, toujours défavorables au développement des Champignons. Il eut bientôt, en tous ses collègues, de nombreux imitateurs.

II. — Utilisation des carrières.

Dès ce jour, la culture industrielle du Champignon fut créée et prit une extension considérable. Aujour. d'hui, sans parler des champignonnières des principales villes, il n'est pas, en France, de carrière, plus ou moins accessible et praticable, qui n'ait son champignonniste. Mais elle s'accrût surtout dans les environs de Paris, favorisée qu'elle y est par *tous les éléments* nécessaires à son étrange et bizarre fonctionnement.

On compte, en effet, rien que dans le département de la Seine, et exploitées par 80 à 100 champignonnistes, 300 carrières environ, creusées dans des terrains éocènes et crétacés, riches en salpêtre, matière azotée dont l'ambiance produit une action favorable au développement de ce Cryptogame.

III. — Avantages et difficultés de la culture dans les carrières.

Au grand avantage qu'offrent ainsi des locaux tout préparés, ajoutons que les terres nécessaires au gobetage des meules se trouvent dans les carrières même ou à proximité, que le fumier est abondant et de bonne qualité et son transport facile, que l'écoulement des produits est assuré, à des prix plus ou moins avantageux sans doute, mais qui n'en laissent pas moins un bénéfice certain, et nous aurons l'explication de l'essor acquis par la culture parisienne.

Cependant, malgré ces privilèges apparents, il ne faut pas croire que cette production soit exempte de difficultés, et, si le Champignon devient pour le praticien une source de bien-être et souvent même de fortune, ce n'est qu'au prix d'efforts incessants et de travail excessif et opiniâtre, joints à une persévérance à toute épreuve. Le champignonniste a, en effet, à compter avec un grand nombre de maladies, provenant soit des carrières, soit du fumier, ou bien encore tantôt du blanc, tantôt du Champignon lui-même ; ces maladies diminuent parfois sensiblement et même suppriment complètement une récolte, fruit de patients labeurs. L'une d'elles, appelée *Molle*, cause annuellement environ un million de francs de dommages.

Pour avoir accès dans sa carrière, son champ d'action à lui, le champignonniste doit souvent descendre péniblement par des échelles verticales, dites échelles de perroquet, à plusieurs centaines de pieds sous le sol, dans des puits étroits correspondant à des galeries n'ayant parfois que 80 centimètres de hauteur et d'une longueur de plusieurs hectomètres, au fond desquelles il devra brouetter son fumier, marcher courbé, et le plus souvent se traîner sur les genoux. Pour s'éclairer il n'a que la flamme pâle et vacillante de sa petite lampe à huile (1), l'air est rare et saturé des vapeurs âcres et ammoniacales que dégage le fumier en fermentation.

Une fois les meules établies, il lui faut manœuvrer avec précaution et adresse à travers ces couches séparées entre elles par des sentiers d'une largeur de 25 centimètres seulement, transporter l'eau pour l'arrosage, la terre pour le regarnissage des meules, essoucher, faire la récolte, etc., etc. En un mot, la somme de travail exigée est extrême et la dépense de force physique considérable. Pour un pareil labeur, il fallait des ouvriers spéciaux, infatigables ; et c'était bien aux travailleurs exceptionnels des environs de Paris, capables de ne pas se rebuter devant les pires difficultés matérielles, que revenait la tâche de mener à bien une aussi pénible culture.

(1) Depuis 1898, nous avons adopté dans notre exploitation la lampe à acétylène, très avantageuse au point de vue de la confection des travaux, et dont nous recommandons l'emploi à tous nos collègues.

CHAPITRE VII

MALADIES DES CHAMPIGNONS

I. Les maladies microbiennes et cryptogamiques. — II. Le Plàtre. — III. Le Chancy. — IV. Le Vert de gris. — V. La Molle. — VI. La Goutte. — VII. La Rouille ou tache.

I. — Les maladies microbiennes et cryptogamiques.

Il nous a paru nécessaire de parler, avant toute chose, des maladies du *Pratella campestris*, afin de pouvoir, le cas échéant, appliquer dans les opérations préliminaires de la culture les remèdes préventifs.

Les maladies que nous rencontrons dans nos cultures, peuvent se classer en trois catégories bien distinctes :

Dans la première catégorie, nous rangerons les maladies dues à la qualité et à la préparation du fumier; ce sont des

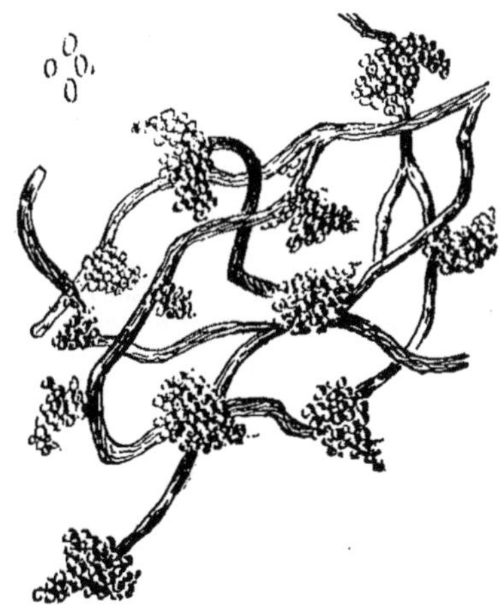

Fig. 3 — Plàtre *Monillia Fimicola*. (Thalle et spores, grossis environ 500 fois).

Maladie du fumier à Champignons.

Saprophytes : le *Plâtre* et le *Chancy*. Dans la deuxième, celles provenant soit du blanc employé pour le lardage lorsqu'il est levé dans un milieu déjà contaminé, dont l'épluchage et le triage n'auraient pas été faits d'une manière parfaite, soit de la germination sur

Fig. 4. — *Pleurotus Rutilus,* fructification d'un *Chancy* des champignonnistes.

le mycélium du *Pratella* des spores d'un parasite appelé *Vert-de-Gris*.

Enfin, dans la troisième catégorie, nous placerons les maladies se perpétuant dans nos carrières par le moyen des spores : ce sont la *Molle*, la *Goutte* et la *Rouille* ou tache, parasites de notre Champignon.

II. — Le Plâtre.

Le plâtre (fig. 3) est un saprophyte, sorte d'Oïdium : le *Monillia fimicola.*

Il se présente sur la paille du fumier, sous l'aspect de petites granulations blanches serrées ou accumulées les unes sur les autres qui forment ainsi une sorte d'efflorescence, laquelle apparaît souvent à la surface des meules, tachant celles-ci de plaques blanches ressemblant à du plâtre : de là son nom.

Il se développe surtout sur les fumiers aqueux, de

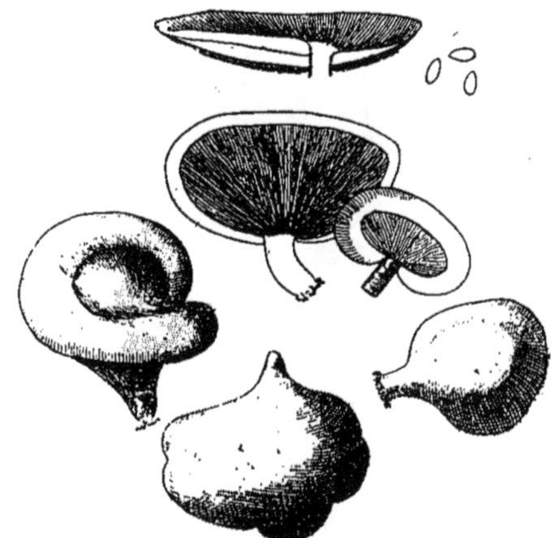

Fig. 5. — *Claudopus Bissisedus,* fructification d'un *Chancy* des Champignonnistes.

paille médiocre produite par des terres pauvres, pendant des années pluvieuses, ou sur ceux de mauvaise qualité provenant de chevaux mal nourris.

Quand on reconnaîtra la présence du plâtre en travaillant le fumier, on arrosera celui-ci avec de l'eau additionnée de sulfate de cuivre dans la proportion de 15 grammes par litre.

III. — Le Chancy.

On appelle Chancy le mycélium du *Pleurotus Ruti-lus* (fig. A.) (1).

Les terres prises au dehors pour recharger ou reblan-chir les places et le fumier froid ou humide monté dans des caves froides, favorisent particulièrement son déve-loppement. Il se présente sous la forme du mycélium des Pratelles et se confond avec lui pendant son jeune âge. Il faut une certaine expérien-ce pour ne pas se méprendre à leur examen. Cepen-dant, en règle gé-nérale, on peut dire que le Chancy est un mycélium plus cotonneux que celui des Pratelles, qu'il est d'un blanc légèrement jaunâtre, et qu'il dégage une odeur âcre et fé-tide, tandis que le blanc du Champignon de couche est blanc bleuâtre et d'une bonne odeur « sui generis » bien prononcée.

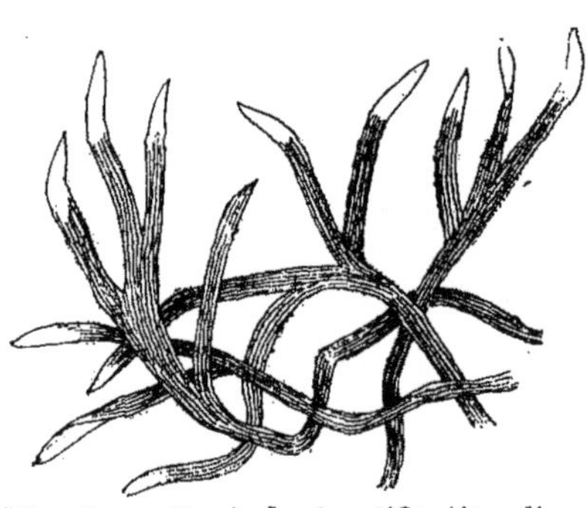

Fig. 6. — *Typhula*, fructification d'un *Chancy* des champignonnistes.

Ces deux mycéliums végètent dans la même masse : ils se mêlent, se confondent et c'est alors qu'a lieu entre eux la lutte pour l'existence, ce " struggle for life "

(1) Le mycélium du *Claudopus bissisedus* (fig. 5) du *Clitocybe candicans* (fig. 7) et du *Typhula* (fig. 6) se rencontrent quelquefois en végétation dans nos cultures, mais leur différence est telle qu'ils ne sauraient être confondus avec le blanc du Champignon de couche.

général que l'on rencontre dans toute la création. C'est
à celui qui supplantera l'autre ; mais, dans le cas qui
nous occupe, le parasite n'aura raison de son adversaire,
qu'autant qu'il sera favorisé par les éléments nutritifs à

Fig. 7. — *Clitocybe candicans*,
fructification d'un *Chancy* des champignonnistes.

lui propres et par les circonstances atmosphériques
voulues.

La bonne réussite dans la préparation du fumier qui
ne doit pas être trop humide afin de conserver un certain degré de chaleur, la température des caves main-
tenue supérieure à 10° ; le chaulage des terres employées
à la confection des places, ainsi que le sulfatage du
fumier, empêcheront la germination des spores de ce
mycélium.

En outre, en enlevant soigneusement lors de l'épluchage du blanc, toutes les parcelles qui en contiendraient, on en évitera la propagation, par le lardage, dans les nouvelles cultures.

IV. — Le Vert-de-gris.

Le vert-de-gris, *Myceliophtora lutea* (Costantin) se

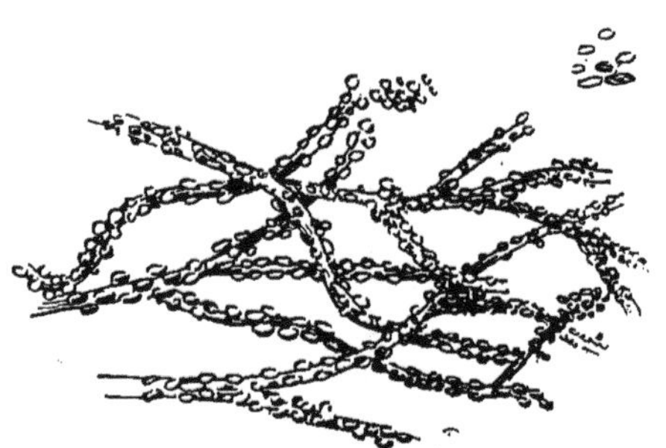

Fig. 8. — Le Vert-de-gris *Myceliophtora lutea*.
(Thalle et spores, grossis environ 500 fois).
Parasite du blanc du Champignon de couche.

trouve surtout sur le blanc, s'étant développé sur des fumiers froids et humides, ou dans les plaques de fumier provenant de l'abattage des meules quand on lève le blanc.

Il apparaît sous forme de petites granulations disposées en chapelet, d'un blanc jaunâtre, et, plus tard, vert-de-gris des métaux, il dégage une forte odeur d'eau de javelle.

Nous avons examiné du fumier à la sortie des écuries et nous n'avons jamais constaté la présence de cet ennemi, tandis que nous trouvions des moisissures de

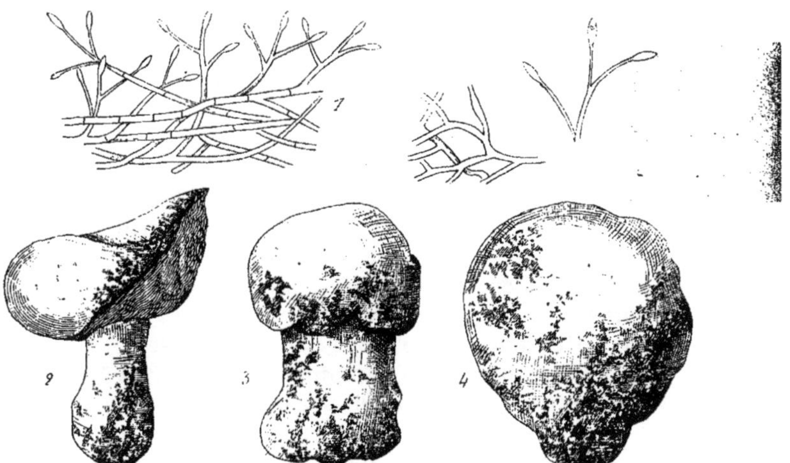

Fig. 9. — La Molle, *Mycogona perniciosa*.

1. Thalle et spores grossis 1000 fois. — 2. Pratelle déjà formé, attaqué d'un seul côté par la Molle. — 3. P. au même degré de végétation que le précédent, mais attaqué dans son entier par la Molle. — 4. P. envahi par la Molle dans son jeune âge et complètement déformé.

plâtre dans les pailles avant ou pendant leur séjour sous les chevaux.

D'après cela, il paraît certain que le vert-de-gris est un parasite du mycélium du *Pratella* alors que le plâtre n'est qu'un saprophyte du fumier.

On devra donc visiter avec une attention minutieuse le blanc destiné au lardage de nouvelles meules et en éliminer avec soin toutes les parties qui en présenteraient les moindres symptômes.

De plus, après l'enlèvement de chaque culture, il faudra gratter le sol à fond, afin de ne laisser subsister aucune trace de fumier ou de terre à gobeter provenant des anciennes couches.

V. — La Molle.

La Molle est la maladie du *Pratella* la plus importante et la plus dangereuse : elle a causé dans nos cultures des ravages incalculables et amené la ruine de plusieurs de nos confrères. On estime à un million de francs les dégâts qu'elle fait annuellement rien que dans les départements de Seine et Seine-et-Oise.

Elle est due à un Champignon parasite : le *Mycogona perniciosa* (fig. 9) qui vit sur le *Pratella campestris* et dont les spores ont leur siège dans le sol des vieilles champignonnières et dans les terres ayant servi au gobetage.

La *Mycogone* apparaît sous les lamelles des Champignons sous la forme d'un mycélium blanchâtre. Si l'on examine ces filaments au microscope, on constate qu'ils sont formés d'une tige principale supportant des rameaux disposés en verticelles. A l'extrémité de ces rameaux naissent des spores, qui ont une membrane mince et incolore, et qui mesurent de 10 à 20 millièmes de millimètre de longueur sur 3 à 3,5 millièmes de millimètre de largeur. Ces filaments végètent dans la partie centrale du feuillet et émettent des sortes de petits tubes recourbés : c'est l'appareil fructifère.

Les Champignons atteints par ce parasite perdent leur forme : quelquefois le chapeau se rabat sur le pied, se confond avec lui, pour ne plus former qu'une masse spongieuse chargée de granulations verruqueuses. Le plus souvent il est inégal et se développe d'un seul côté; les lamelles sont irrégulièrement ondulées et ne forment plus qu'une masse confuse, visqueuse, soudée aux bords du chapeau. L'épiderme qui recouvre les Champignons attaqués est généralement blanc parsemé de taches brunes; il passe ensuite au blanc-jaunâtre, puis au brun-jaunâtre. Au moment où l'individu entre en décomposition, il secrète un liquide roussâtre caractéristique et dégage une odeur se rapprochant de celle du poisson en putréfaction.

Cette maladie, très rare dans les carrières neuves, devient d'autant plus fréquente que celles-ci ou les caves sont employées depuis plus de temps à la culture. Cela est dû, en partie, au nettoyage incomplet des caves après chaque opération et aux amas de terre provenant du dégobetage des meules qu'on a le tort d'y laisser séjourner.

Certains de nos confrères ont des notions vagues, confuses et parfois en contradiction les unes avec les autres sur les causes de cette maladie. Ayant étudié cette affection et ses causes de très près et avec beaucoup d'attention, cela nous permet d'affirmer que l'apparition du Mycogone doit être attribuée aux vieilles carrières malsaines et contaminées, ainsi qu'aux terres ayant déjà servi, plutôt qu'au blanc; c'est du moins ce que l'expérience nous a prouvé. Ainsi, le blanc levé dans des carrières contaminées et reporté dans des carrières saines, nous a donné des produits indemnes de Molle. C'est donc la preuve irréfutable que sa propagation est due aux spores du Mycogone : les habits des ouvriers de champignonnières infectées, leurs outils, les insectes, le déplacement de l'air, etc., sont autant de véhicules de ces spores.

Pour traiter préventivement cette maladie, il serait indispensable d'enlever soigneusement toutes les matières : terres, fumier, etc., qui ont servi aux cultures précédentes, de gratter profondément le sol et de sortir de la carrière tout ce qui, de près ou de loin, pourrait renfermer des spores de Mycogone et, enfin, de sulfater le sol ainsi que les parois des caves.

On entravera sensiblement les progrès de la maladie, dans les meules en production où elle existe, en arrosant les couches avec une dissolution de lysol dosée à raison de 25 grammes de ce produit par 100 litres d'eau.

VI. — La goutte.

La goutte est un ferment ayant un pouvoir décomposant beaucoup plus actif que celui du Mycogone. Cette maladie attaque le pied des Pratelles et laisse sur la terre de gobetage des traces d'humidité dues à la décomposition du blanc et des Champignons.

Les individus atteints dans leur jeune âge avortent ordinairement ou bien, s'ils arrivent à maturité, c'est dans un état déjà avancé de décomposition. Ils exhalent alors une odeur nauséabonde.

Pour y rémédier, on devra enlever complètement les parties humides des meules attaquées ; si cela est insuffisant, on sectionnera les meules malades et on les sortira hors des carrières où on les chaulera fortement pour détruire les germes de cette maladie et l'empêcher de se propager.

VII. — La Rouille ou Tache.

La Rouille ou tache est due à la végétation de bactéries oxydantes qui vivent en parasites sur l'épiderme du Champignon de couche.

Les Pratelles atteints sont tachés de brun ou de brun-noirâtre avec des lacunes d'un gris-jaunâtre ou encore blanches. Quelquefois l'épiderme est entièrement envahi et la chair partiellement attaquée, ce qui diminue sensiblement le prix de vente du Champignon.

Cette maladie semble être le résultat d'un excès de fermentation du fumier monté en meules dans des galeries insuffisamment aérées, car nous avons remarqué que c'est dans ces circonstances que la rouille prend le plus d'extension.

D'où il résulte que le fumier bien préparé, l'aération suffisante de la carrière, le tout aidé par la désinfection des meules arrosées avec de l'eau lysolée, constituent les conditions essentielles pour éviter l'apparition de la Rouille.

CHAPITRE VIII

ANIMAUX ET INSECTES NUISIBLES
AUX CHAMPIGNONS

I. Les Rongeurs. — II. Les Taupes. — III. Les Cloportes. —
IV. Les Limaces. — V. Les Mites. — VI. Les Mouches et
les Moucherons. — VII. Le Suisse. — VIII. Le Curé.

I. — Les Rongeurs.

Dans les carrières les meules peuvent être ravagées
par des rongeurs tels que ; rats, souris, mulots, musa-
raignes, etc., ces animaux se nourrissent quelquefois
de Champignons, mais, le plus souvent, ils endom-
magent beaucoup plus qu'ils ne mangent. Pour les
détruire, il suffira de placer de distance en distance des
boulettes de viande hachée mélangée à du phosphore,
qu'ils recherchent avec avidité.

II. — Les Taupes.

Pendant les années sèches, nous avons à redouter les
taupes dans les carrières à bouches ou dans celles où se
sont produits des effondrements les mettant en commu-
nication facile avec la surface du sol.

On a vite constaté leur présence dans une carrière
par les dégâts qu'elles y occasionnent, car, en faisant
la chasse aux insectes et aux larves des Coléoptères
qui sont nombreux dans le fumier, elles bouleversent
toutes les meules, détruisant ainsi la récolte. De préfé=

rence, et sans doute à cause de l'excès d'humidité qui
y règne et qui attire davantage les bestioles en cet
endroit, elles fouillent les meules à leur base, entre le
gobetage et le fumier, déracinant ainsi la production
future. C'est à cette cause que l'on doit la facilité avec
laquelle on peut les prendre au moyen du piège suivant :
On coupe la meule et on la supprime sur une longueur
de 0^m50 environ. On creuse, dans cet espace, un trou
d'une certaine profondeur dans lequel on enterre un
seau ou tout autre récipient rempli d'eau. Le bord supérieur du vase devra être tenu à quelques centimètres
au-dessous du niveau du sol pour que la taupe, suivant
son chemin habituel, puisse y tomber. Ce moyen, très
simple et d'une application facile, que nous avons
employé bien des fois, nous a toujours réussi.

III. — Les Cloportes.

Les cloportes se plaisent dans les lieux humides et
l'odeur spéciale du blanc paraît leur être agréable, en
raison de la quantité que nous rencontrons autour des
mises.

Nous croyons cependant inutile d'indiquer au lecteur
un procédé de destruction, car nous avons constaté
qu'ils sont surtout très nombreux dans les carrières où
le fumier et le blanc sont particulièrement sains et
qu'ils n'y causent aucun dégât.

IV. — Les Limaces

Les limaces sont très friandes de Champignons
qu'elles mangent pendant la nuit. Elles s'attaquent
surtout aux grains et les dévorent à mesure qu'ils apparaissent supprimant ainsi une notable partie de la
récolte. Le jour, elles restent cachées, mais, grâce à la

trace gluante qui subsiste après leur passage, il est facile de les découvrir dans leur retraite et de les détruire.

V. — Les Mites.

Nous appelons « Mite des fumiers » un petit acarien détriticole que l'on rencontre en quantité considérable dans les planchers et sur les meules principalement avant le gobetage.

Ce petit insecte n'est guère nuisible, il n'attaque pas le blanc des meules et disparaît généralement avant le commencement de la production.

L'arrosage du fumier, des meules et des sentiers, en a vite raison.

Un autre genre de Mite, le *Rhizoglyphus spinitarsus*, qu'à tort on confond avec le premier, est plus dangereux, car il s'attaque aux pieds des Champignons dont il suce la sève, les arrêtant alors dans leur végétation.

Les Pratelles ainsi attaqués, et qui se reconnaissent facilement à la couleur de rouille que prend la base de leur pédicule, tombent généralement avant leur complète maturité.

On détruit cette mite des Champignons en arrosant les meules avec de l'eau lysolée et en chaulant les sentiers.

VI. — Les Mouches et les Moucherons.

Quantité de mouches et moucherons se rencontrent dans nos cultures, favorisés qu'ils y sont par la chaleur que dégage le fumier. Nous ne nous arrêterons pas à la description de ces insectes qui sont plus gênants et malpropres que dangereux pour nos exploitations, où le tort qu'ils causent n'est dû qu'à la crasse que forment sur les meules les individus morts.

Lorsque la couche en sera trop épaisse, on devra

balayer légèrement les meules avec des brosses de crin très douces, en faisant tomber ce limon dans les sentiers que l'on nettoiera ensuite avec un outil spécial nommé rabot, en ayant soin de porter [les déchets hors de la carrière.

Parmi les moucherons, le seul qui fasse réellement du tort au Champignon est le *Sciara ingenua*. Il dépose ses œufs sur la surface des meules où sa larve ne tarde pas à ravager la terre de gobetage qu'elle réduit en poudre. Puis, s'attaquant au blanc et aux Champignons, elle creuse des cavités dans ceux-ci, les fait avorter ou les rend impropres à la consommation. Les pertes que la larve du *Sciara* occasionne ainsi peuvent être très sensibles. Le moucheron, comme on le voit est moins dangereux que ses larves qui sont très difficiles à détruire parce qu'elles se tiennent habituellement sur les meules en production ; de sorte qu'en tâchant d'arrêter leur envahissement on court le risque de produire les dégâts que l'on cherche à éviter.

On ne peut qu'essayer de les combattre en opérant comme pour la mite. Quant aux moucherons eux-mêmes, on les détruira en brûlant une certaine quantité de soufre dans la carrière, avant que commence la production ; si elle est en train, on en diminuera le nombre en établissant un fort courant d'air qui les entraînera au dehors.

Un autre procédé consiste à mettre de place en place sur les meules des chiffons imbibés de nicotine sur lesquels les moucherons viennent s'abattre et où on les recueille.

On peut encore placer dans la cave des lampes à clarté vive (la lampe à acétylène est tout indiquée) au-dessus d'un récipient quelconque rempli d'eau : les moucherons sont alors attirés par la lumière et tombent en quantité dans l'eau du vase. Nous devons dire cependant que ces moyens ne sont guère usités que dans les petites exploitations.

VII. — Le Suisse.

Le *Suisse des champignonnistes* est un Coléoptère pentamère de la famille des Lamellicornes : l'*Aphodisius fimetarius*. Sa larve a 8 millimètres environ de longueur sur 4 de diamètre ; la tête est d'un rouge brun ; l'épiderme et les pattes sont blancs, les mandibules fortes et cornées.

L'insecte parfait a les élythres jaunes cannelées, la tête, le thorax, le ventre et les pattes, noirs. tandis que les antennes qui ont trois articles sont jaunes.

Pendant le travail destructeur des Suisses à la surface des couches, une grande quantité roule dans le bas des meules ; on en profite pour raboter les sentiers et on transporte, terre et Suisses, hors de la carrière où on les brûle avec de la chaux vive.

VIII. — Le Curé.

Un autre Coléoptère, dit le *Curé des champignonnistes*, le *Dermes tescellatus* de la famille des Clavicornes, a une larve qui ressemble à un petit ver blanc. Elle a 10 millimètres de long sur 4 de diamètre: la tête et les mandibules terminées en massues sont noires, le corps, gris blanchâtre, à épiderme transparent, laisse voir l'intestin sous forme de ligne noire. Cette larve a six pattes et marche facilement.

L'individu parfait a les élythres, et le thorax noirs ; les pattes sont brunes, les antennes terminées en massues sont jaunes.

Sa larve cause de 'grands dégâts sur les meules en désagrégeant les terres de gobetage ; elle coupe les ramifications du blanc et les filaments reproducteurs des Champignons. Elle est très difficile à détruire parce qu'elle se tient cachée sous la terre de gobetage où l'on ne peut la trouver pour l'écraser qu'en fouillant avec le doigt la partie de la terre remuée qui indique sa présence.

Quant à l'individu parfait, qui est d'une certaine grosseur, il n'y a pas d'autre moyen de le supprimer que de lui faire une chasse suivie et de l'écraser.

CHAPITRE IX

TRAITEMENTS CONTRE LES MALADIES

I. Le sulfate de cuivre et les bouillies cupriques. — II. Le Lysol eet l'eau lysolée. — III. La Chaux et le lait de chaux. — IV. Le Soufre et les vapeurs sulfureuses.

De tous les produits dont nous avons fait l'essai pour combattre les maladies ainsi que les insectes nuisibles à nos cultures, nous nous sommes arrêtés à ceux qui, en même temps que plus simples dans leur préparation, nous ont donné les meilleurs résultats dans leur application.

Ce sont : le sulfate de cuivre, le lysol, la chaux et le soufre dont nous donnons ci-dessous le mode d'emploi.

I. — Le Sulfate de cuivre et les bouillies cupriques.

Le sulfate de cuivre s'emploiera, à la dose de 5 gr. pour un litre d'eau, dans l'eau d'arrosage destinée au fumier des planchers et à la surface des meules avant le gobetage, en prévision de la germination des spores du plâtre, du chancy et du vert-de-gris, ainsi que pour la destruction des larves et œufs de mouches, moucherons, mites, suisses, curés, etc.

Il sera porté à la dose de 25 grammes pour un litre d'eau dans la désinfection des terres, des places, des piliers, afin de détruire le chancy, le vert-de-gris, la molle ainsi que les œufs et les larves qui pourraient provenir des cultures précédentes.

II. — Le Lysol et l'eau lysolée.

Le lysol sera mélangé, moyennant 25 grammes pour 100 litres, à l'eau d'arrosage des meules en production, pour prévenir la molle, la goutte et la rouille; à cette dose il agira très peu sur les œufs ou larves d'insectes, mais administré en plus grande proportion il devient nuisible aux Champignons qu'il oxyde ou brûle.

Pour la désinfection du fumier et des places on en mettra 1 gramme par litre d'eau; cependant nous ne conseillons pas son emploi pour ces deux usages car, à cette quantité, il devient trop onéreux, et, de plus, il peut très bien être remplacé par le sulfate de cuivre, comme nous l'avons dit plus haut.

III. — La Chaux et le lait de chaux.

L'action désinfectante de la chaux est due au chlorure de chaux qu'elle contient.

On l'emploiera ici sous trois formes : *vive, pulvérisée,* ou en *lait de chaux*.

1° *La chaux vive* est celle qui n'a pas encore subi l'action de l'eau. Elle servira sur *la forme* où on l'étendra avant d'y déposer du nouveau fumier; elle desséchera le sol et détruira nombre d'œufs et de larves d'insectes. et de spores de Cryptogames inférieurs.

Son pouvoir est efficace dans les champignonnières où l'on en fait usage pour saupoudrer les sentiers; elle agit contre les spores et contre les larves et les insectes qui se trouvent à terre, en même temps que comme régénérateur d'air, en raison de l'importante propriété qu'elle possède de saturer le gaz acide carbonique.

2° *La chaux pulvérisée* n'est autre que de la chaux vive que l'on aura réduite en poudre. On en saupoudrera le fumier trop mouillé ainsi que la surface des meules avant le gobetage, dans les carrières où ces meules seraient trop humides par suite du degré hygrométrique de l'air. Grâce à ses propriétés absorbantes, la chaux pulvérisée fera diminuer très rapidement l'excès d'eau.

3° *Le lait de chaux*. — On appelle lait de chaux, la dissolution plus ou moins diluée, obtenue par le mélange de la chaux vive avec de l'eau dans la proportion de 15 à 30 kilogrammes pour 100 litres d'eau.

Le lait de chaux à 30 0/0 sera employé à chaud pour la désinfection des places et des parois des carrières après l'enlèvement des matériaux et des déchets de précédentes cultures; et le lait de chaux à 15 0/0, à froid, pour l'arrosage en traitement préventif ou curatif des meules en production.

IV. — Le Soufre et les vapeurs sulfureuses.

Le soufre, qu'on emploie en le faisant brûler dans les carrières, est le désinfectant le plus énergique en ce que les gaz sulfureux qu'il dégage s'introduisent et agissent partout, jusque dans les plus petites anfractuosités des piliers et des plafonds où ils détruisent les spores et les œufs des parasites. Il n'est pas de fissures où ces gaz ne pénètrent : c'est pourquoi nous le recommandons spécialement.

Toutefois, son application sera limitée aux caves vides et totalement isolées de celles en production. On le brûlera alors, dans les proportions de 25 à 30 grammes par mètre cube d'air, au moment du nettoyage des places, après le dernier balayage. Il rendra encore de grands services comme destructeur des moucherons dans les couches où ils font une apparition trop abondante avant les marques. Dans ce cas, on en brûlera 1 kilogramme par 200 mètres de meules.

Il est bien entendu, et nous ne saurions trop le
répéter, que l'on ne se servira pas de soufre dans les
carrières où il y aurait des Champignons, car ses vapeurs, se déposant sur eux, les jauniraient d'abord, puis,
au bout d'un jour ou deux les oxyderaient, en même
temps qu'elles feraient avorter les grains en formation.
Quant aux sujets qui ne seraient pas encore à mâturité,
mais dont la croissance continuerait malgré les gaz, ils
deviendraient impropres à la vente, car leur épiderme,
qui, de ce fait perd toute vitalité, se craquèle sous la
pression produite par le développement de la chair,
prend un vilain aspect écailleux, et se marque de
taches noires.

CHAPITRE X

LES CARRIÈRES ET LEUR AMÉNAGEMENT

I. Choix des carrières; considérations économiques. — II. Carrières à bouches et carrières à puits. — III. Aménagement des carrières neuves; travaux de nivellement et de soutènement; terres en cavaliers; construction des agues. — IV. Mise en état d'anciennes carrières; nettoyage; désinfection; reblanchissage; soufrage.

I. — Choix des carrières; considérations économiques.

Maintenant que nous avons fait connaître les ennemis que le champignonniste a à combattre, que nous l'avons mis en garde contre leurs méfaits et familiarisé avec les moyens à employer pour en avoir raison, nous allons donner ici quelques instructions relatives au choix d'un local propre à la culture des Champignons.

Quand on veut établir une champignonnière, la première chose à faire est de s'assurer de l'état des locaux, de leur distance des chemins de fer, de la disposition des routes qui y conduisent, ainsi que du lieu d'approvisionnement du fumier afin que les frais de transport de celui-ci n'enlèvent pas la perspective d'un bénéfice possible.

Leur valeur locative doit rester en rapport avec ces considérations; en aucun cas, cependant, le prix moyen du loyer ne devra excéder 0 fr. 10 du mètre courant des meules que peut contenir la cave.

Les meilleures carrières et celles qui se prêtent le mieux à notre culture sont, sans contredit, celles qui n'ont jamais servi, qui ont une certaine hauteur sous plafond, une entrée au niveau du sol, des puits d'aération tout établis, et qui sont creusées dans des terrains calcaires : plâtre, craie, pierre.

II. — Carrières à bouches et carrières à puits.

Les carrières sont de deux sortes, à puits et à bouches. Ces dernières ont leur entrée de plein-pied (fig. 10); elles sont, de la sorte, généralement praticables aux voitures; leur hauteur sous plafond peut permettre la circulation des attelages. Elles sont, par cela même, beaucoup plus avantageuses que les carrières à puits sous le rapport de la main-d'œuvre, les matériaux de culture pouvant être transportés directement sur place par des voitures ou des tombereaux.

Dans les carrières à puits le fumier est amené jusqu'au trou, où il est précipité et distribué dans les galeries par des brouettes. L'entrée des ouvriers se fait également par le trou au moyen d'une échelle verticale dite échelle de perroquet.

III. — Aménagement des carrières neuves; travaux de nivellement et de soutènement; terres en cavaliers; construction des agues.

Quand on dispose d'une carrière neuve, c'es-à-dire n'ayant jamais servi à la culture des Champignons, le sol est plus ou moins uniforme et parfois de grosses pierres, des mottes de terre ou autres matériaux et corps étrangers obstruent le chemin des galeries. Il s'agit alors de niveler le terrain, d'enlever les pierres, de faire disparaître tout ce qui pourrait entraver la

Fig. 10. — *Entrées de carrières à bouches.*

Les carrières à bouches offrent cet avantage de permettre d'amener sur place avec des voitures les matériaux et l'eau nécessaires à la culture. Cette planche nous montre à gauche un ouvrier rentrant avec son panier de blanc pour larder les meules; à droite, le charretier revenant de conduire à destination le lumier qui va servir à établir les meules.

marche des ouvriers ou l'installation des meules, et de ne laisser à la surface du sol qu'une certaine épaisseur de terre fine afin de faciliter toutes les opérations relatives à la culture et le nettoyage de la place après chaque saison de production; cet aménagement des carrières constitue ce que l'on appelle *faire les places*.

C'est dans les places neuves et les galeries, où les ouvriers carriers ont entassé les déchets de la pierre dont ils ont fait l'extraction, que l'on trouve dans les tas dits *cavaliers* la terre calcaire nécessaire à la composition des terres à gobeter. En faisant les places, il faut avoir soin d'épargner les cavaliers de bonne terre qui constituent la réserve indispensable aux futures cultures.

Dans les carrières qui ont déjà été employées comme champignonnières, il existe aussi de ces cavaliers; mais, il sera prudent de les inspecter avec soin avant de les destiner au *reblanchissage* ou au *gobetage,* car certains champignonnistes, qui louent des vides pour un nombre d'années déterminé, n'hésitent pas, dans le but de nuire aux collègues successeurs, à empoisonner ces cavaliers de déchets de culture : terre ayant servi au gobetage (que les champignonnistes nomment dégobtures) et débris d'essouchage.

Dans les carrières neuves, ou dans les vieilles contenant des cavaliers reconnus sains, on tamise ces terres calcaires en passant les débris de pierres sur des claies dont le treillage doit avoir de 15 à 20 millimètres de grosseur de mailles. Les terres fines ainsi obtenues seront mises de côté pour être mélangées et employées en temps voulu (voir gobetage), les plus grosses serviront au reblanchissage des places. Dans les carrières à plâtre, c'est la poussière de plâtre cru, telle qu'elle est préparée lorsqu'elle est destinée à l'agriculture, qui sert de composé calcaire.

Si cette terre calcaire faisait défaut dans la carrière, il serait facile de se la procurer, car elle existe au-dessous de la terre végétale dans presque tout le bassin parisien, mais surtout autour des carrières, à la naissance des formations rocheuses (1).

Tout en procédant au nivellement du sol, on devra s'assurer de l'état de solidité du plafond; au cas où il présenterait quelque danger, on le consolidera en construisant des piliers en maçonnerie, dits *piliers à bras* (fig. 11) avec les blocs de pierre qui se trouvent dans la carrière.

Si la carrière est trop grande, on la divisera en parties ou *caves* au moyen de murs en moëllons désignés par les champignonnistes sous le nom d'*agues* (fig. 12). Ces agues seront construites de manière à servir, en même temps, au drainage rationnel de l'air.

Lorsque les pierres font défaut on construit les agues en carreaux de plâtre, en briques, etc.

IV. — Mise en état d'anciennes carrières; nettoyage; désinfection; reblanchissage; soufrage

Quand le local dans lequel on veut s'établir a déjà servi, le sol est généralement encombré de terre mélangée à du fumier : ce sont les déchets de la culture précédente, à côté desquels on trouve parfois, entassées dans les galeries, des matières plus malsaines et plus dangereuses, dont le séjour dans les caves est dû soit à l'in-

(1) Chacun sait que le calcaire fait effervescence avec les acides. Donc, un moyen à la portée de tous pour s'assurer de la richesse en calcaire d'un terrain, c'est de verser sur celui-ci un acide quelconque, il se produit alors comme une sorte de bouillonnement; plus cette effervescence est accusée, plus la terre est riche en calcaire.

Fig. 11. — *Construction d'un pilier de soutènement.*

En faisant les places on s'assure de l'état de solidité du plafond de la carrière. Aux endroits reconnus, dangereux, on construit, avec les débris de pierres, moëllons, etc., laissés par les carriers lors de l'extraction, des piliers dits piliers à bras, destinés à garantir la sécurité des travailleurs. Comme on le voit, l'installation est des plus rudimentaires et se compose d'un simple échafaudage, qui ne nécessite pas de grandes dépenses.

conscience des champignonnistes, soit à leur incurie coupable, ou bien encore à une économie mal entendue.

Nous avons déjà nommé les terres ayant servi au gobetage des couches précédentes, comme étant le foyer incontestable, la source certaine de la plupart des maladies qui ruinent nos exploitations. De plus, elles enlèvent à la culture un espace important. Aussi, c'est dans l'intérêt commun que nous conseillons d'enlever des carrières tous les matériaux, terres, fumiers, ou autres, ayant déjà servi, de gratter profondément le sol après chaque opération et de le désinfecter énergiquement, ainsi que les piliers, les parois et le plafond des voutes. avec du lait de chaux à 30 0/0 ou de l'eau sulfatée.

Après cette désinfection que l'on fera aussi complète que possible, on reblanchira les places, c'est-à-dire que l'on étendra bien uniformément sur le sol de la cave une couche de terre fine et neuve, que l'on aura soin d'arroser fortement avec du lait de chaux afin de détruire les spores des divers parasites du Pratelle ou de son mycélium.

En opérant ainsi d'une façon minutieuse, on mettra les carrières neuves à l'abri des invasions de bien des maladies, et dans les anciennes caves, on atténuera la conséquence des fautes de ceux auxquels on aura succédé.

A ceux de nos collègues qui voudraient aller jusqu'au bout dans ces mesures préventives nous dirons : chaulez ou sulfatez fortement les terres de dégobetage que vous sortez de vos caves, car entassées à l'entrée de vos carrières, ou à proximité de vos planchers, les spores des parasites qu'elles contiennent, transportées par le vent, viendront infester votre fumier neuf et compromettre ainsi vos récoltes futures.

Quand la carrière à désinfecter présente des difficulés, à cause des hauteurs sous plafonds, ou des anfractuosités, des fissures, dont les parois sont criblées, on aura recours à l'acide sulfureux.

Pour cela on obstrue toutes les issues, puis on brûle du soufre dans un récipient; alors les gaz qui s'en dégagent font l'office d'un désinfectant des plus énergiques en s'introduisant partout sans réserve. On devra, pour éviter tout danger d'asphyxie, ne revenir dans la carrière que quelque temps après cette opération, en ayant soin de rétablir les courants d'air auparavant.

En un mot, il n'est pas de mesure de propreté et de prudence que l'on doive prendre, afin de prévenir ou d'arrêter le mal, et, dans aucun cas, on ne devra reculer devant les dépenses, d'ailleurs relativement minimes, qui pourront en résulter. Pour nous, nous devons avouer, que nous avons sensiblement diminué les maladies dans les vieilles carrières que nous avons traitées ainsi et que nous n'avons jamais eu de sujets attaqués par la molle dans les carrières neuves où nous avons appliqué des désinfectants préventifs.

Fig. 12. — *Construction d'une ague.*

Pour diviser la carrière en caves, on construit avec des déchets de moëllons, des cloisons appelées agues, qui servent au drainage de l'air, en même temps que de murs de divisions. Une étude de la disposition des locaux permet de se rendre compte des endroits où l'on doit construire ces agues.

CHAPITRE XI

DE L'AÉRATION

I. Utilité de l'aération. — II. Le boudage : moyens de le
constater; ses causes; précautions néfastes. — III. Différents modes d'aération. — IV. Sondes et braseros ; ce
qu'ils déplacent d'air. — V. Les ventilateurs : avantages et
inconvénients. — Le ventilogène et ses facilités d'application.

I. — Utilité de l'aération.

Quel que soit le local adopté comme champignonnière, que les carrières choisies soient à entrées de
plein pied ou à puits, neuves ou vieilles, il est indispensable qu'elles soient bien aérées, cela dans l'intérêt des ouvriers aussi bien que dans celui de la végétation.

Si l'air ne s'y renouvelait pas suffisamment, les carrières seraient promptement viciées par la fermentation
du fumier, la combustion des lampes, la respiration des
hommes et celle des Cryptogames qui est analogue
puisque, comme nous l'avons vu précédemment, ils
dégagent eux aussi de l'acide carbonique et absorbent
l'oxygène de l'air. On comprend sans peine que tou
cela rendrait bientôt la vie impossible dans les champignonnières. Toutefois, en cela comme en toute chose,
il faut une certaine modération.

En effet, sous l'influence du froid ou d'un excès de
courant d'air, les Champignons croissent lentement,
prennent une couleur gris fauve, deviennent écailleux,

se gercent et souvent se fendent : en ce cas, la chose est simple, car il suffira pour s'abriter de fermer davantage le local.

II. — Le boudage : moyens de le constater ; ses causes ; précautions néfastes.

S'il y a, au contraire, manque d'air (ce que le champignonniste appelle *boudage*), le Champignon modifie sa forme : le pédicule se renfle à la base; les grains sont souvent arrêtés net dès leur croissance, ou bien leur chair devient cotonneuse. Il arrive que le champignonniste observe dans la végétation de ses cultures, quelque chose d'irrégulier, qu'il n'ose attribuer au boudage parce qu'il constate à l'entrée de sa carrière un courant d'air s'établissant de l'extérieur à l'intérieur ou *vice versa*. En apparence, il a raison, mais nous allons voir pourquoi et comment, malgré cela, l'aérage ne se fait qu'en partie ou pas du tout. L'homme du métier, lorsqu'il veut s'assurer si l'air circule dans ses caves, en fait le contrôle avec sa lampe ; l'inclinaison plus ou moins prononcée de la flamme lui indique la force du courant : si elle se dirige sur le fond de la carrière, l'air rentre : l'entrée rabat; si, au contraire, elle se penche sur l'entrée, l'air sort : l'entrée tire. Ce moyen primitif et incomplet induit quelquefois notre observateur en erreur, car il n'y a qu'une très forte baisse de température ou un vent assez vif donnant en plein dans l'entrée de la carrière qui arrive à refouler l'air au fond de celle-ci, à moins qu'il n'existe un puits à son extrémité.

Voici, en réalité, ce qui se passe : si nous sommes en hiver, la température extérieure étant plus froide que celle de la cave, l'air plus lourd s'introduit par la base de la galerie, se dirigeant sur le fond en accom-

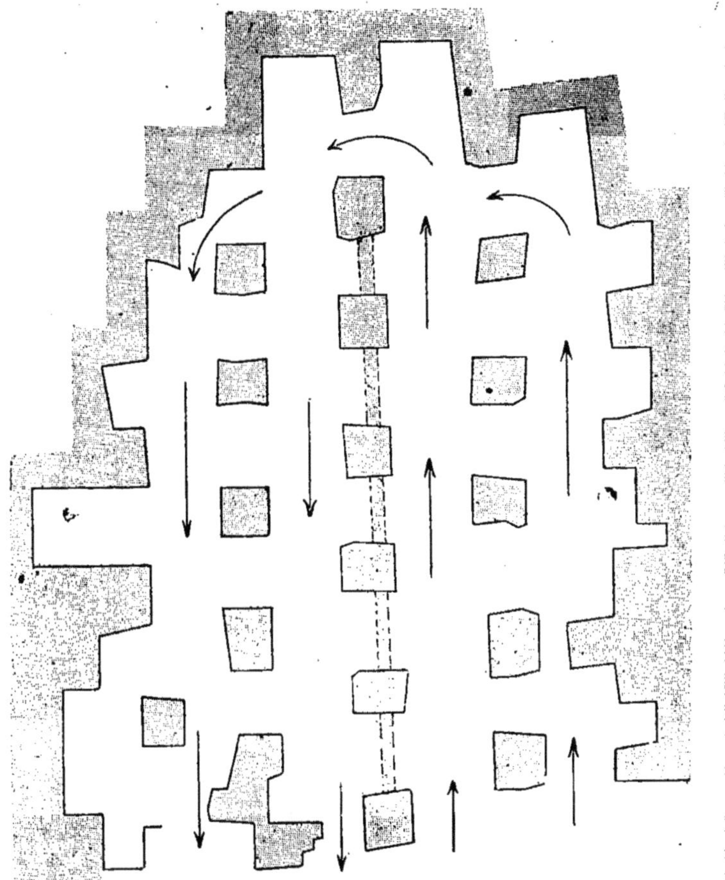

Fig. 13. — *Plan d'une carrière à l'échelle de 2/1000, montrant la disposition à donner aux cloisons ou agues pour obliger l'air à circuler dans les parties en retrait.*

**Les flèches indiquent le passage de l'air,
et le pointillé entre les piliers du milieu représente les agues.**

plissant, à mesure qu'il s'échauffe, un mouvement ascensionnel. Une fois qu'il a acquis le degré de température du local, l'air occupe, un moment le point mort, puis il reprend le haut de la galerie, et ressort, n'ayant ainsi ventilé qu'une faible partie de la cave, à moins que celle-ci ne soit réellement exiguë. En été, le même phénomène se produit, mais dans le sens inverse. L'air chauffé étant plus léger rentrera alors par le haut de la galerie jusqu'à une certaine profondeur, puis, descendant progressivement à mesure qu'il se refroidit, ressortira par le bas de l'entrée, mais s'étant avancé moins profondément encore qu'en hiver.

Il arrive aussi que le champignonniste s'aperçoit que sa carrière conserve une certaine crudité, n'ayant rien de commun avec la température du dehors. Cela est encore une preuve du défaut d'aérage, car si l'air circulait et se renouvelait, cette crudité ne pourrait exister.

Dans ce cas, nous avons souvent vu le champignonniste redoubler de précautions pour tout clore hermétiquement, boucher toute fissure ou crevasse susceptibles de lui amener de l'air. En opérant ainsi il est évident qu'il enfermait, si l'on peut dire, le loup dans la bergerie, et il fallait pour qu'il arrive à avoir une bonne récolte, qu'il se produise des phénomènes naturels réellement extraordinaires.

Alors, comme précédemment, le seul remède à apporter est l'aération régulière et nous ne saurions trop insister sur ce point.

III. — Différents modes d'aération.

On se sert le plus souvent pour l'aération des champignonnières des puits creusés par les carriers lors de l'extraction de la pierre. Parfois les galeries commu-

niquent entre elles et l'établissement des courants d'air
est, dans ce cas, plus facile. A défaut de ce moyen tout
établi, on perce des puits qui descendent dans la carrière et que l'on surmonte d'une cheminée en planches
de forme pyramidale, ou mieux, comme nous en avons
fait l'application dans nos champignonnières, de tuyaux
en béton qui ont l'avantage, une fois posés, de ne plus
nécessiter aucun entretien.

Le nombre des puits d'aération, ou *sondes*, à établir
doit être calculé d'après les besoins de l'exploitation.
Il y a, en effet, pour chaque champignonnière, un
régime spécial à appliquer et que, seules, une observation assidue et surtout l'expérience peuvent déterminer.

Nous allons donner ici les différentes méthodes
d'aération.

IV. — Sondes et braseros; ce qu'ils déplacent d'air.

Quelquefois le courant d'air s'établit naturellement
par le mouvement spontané de l'air intérieur à condition
que le puits destiné à l'entrée de l'air et le puits par
lequel doit s'effectuer l'évacuation de cet élément se
trouvent dans des positions différentes : que l'un soit
plus élevé que l'autre, ou bien qu'ils ne soient pas
soumis tous deux à l'influence des mêmes vents
dominants. Le principal inconvénient de cette aération
naturelle consiste dans son irrégularité. En effet, qu'un
vent opposé s'élève, ou que l'on passe de la saison
froide à la saison chaude, le courant se renverse. Dans
le premier cas, une ou plusieurs portes volantes placées
ad hoc, que l'on pousse à droite ou à gauche, assure-
ront la direction du courant d'air. Dans le second cas,
c'est-à-dire par le changement brusque de température
du dehors, qui fait contraste avec l'air intérieur, les

courants subissent l'influence de la loi de la pesanteur, et ils se renversent ou bien ils dorment.

Il faut alors employer des moyens plus énergiques pour établir la circulation de l'air.

Pour cela, on dispose à la base de la sonde un *brasero* chauffé au coke. Les produits de la combustion s'échappant ascensionnellement établissent ainsi d'une manière constante, en proportion avec leur degré calorique, un tirage forcé.

Malheureusement, ce procédé si simple dans son application est loin de suffire dans nombre de cultures.

De même qu'un simple trou assure l'aération d'une petite carrière de quelque cent toises (1), un brasero convient pour celui d'un millier de toises, alors qu'il devient absolument insuffisant dans une exploitation d'une importance plus grande.

Nous avons appris par l'expérience que l'air se vicie en l'espace de six heures dans une champignonnière en production, de sorte qu'il doit être renouvelé quatre fois par vingt-quatre heures, si nous voulons que le Champignon croisse dans des conditions normales.

C'est donc sur ces données essentielles que doit être basée la réglementation de l'aération. Nous avons dit plus haut que le brasero suffit à un millier de toises environ. En effet, si nous tenons compte que l'emplacement nécessaire à 1000 toises de meules (2000 mètres courant), donne en moyenne dans une carrière un volume de 4.000 mètres cubes d'air, nous arrivons au résultat suivant : pour avoir la quantité d'air nécessaire, il nous en faudra donc dans les 24 heures : 4.000 m. c. $\times$ 4 = 16.000 m. c. Or, nous avons constaté que le brasero déplace l'air, à la base de la sonde,

(1) La toise représente, **dans cette application spéciale, deux** mètres courant de meule.

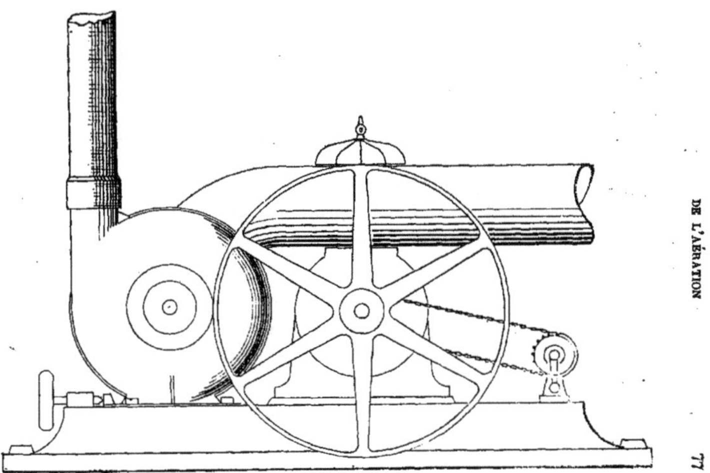

Fig. 14. — *Ventilateur breveté, dit le « Ventilogène. »*

à la vitesse moyenne de 8 mètres cubes à la minute, ce qui fait par 24 heures : 8 m. c. $\times$ 60 $\times$ 24 = 17.120 m. c., chiffre qui prouve la justesse de notre raisonnement.

Comme on le voit, dans les carrières où l'exploitation champignonnière peut atteindre 20.000 toises et plus, le brasero qui doit déjà être multiplié dans une culture d'une importance ordinaire, ne peut donner qu'un résultat insignifiant, attendu qu'il faut pour chaque brasero un puits communiquant avec le dehors, et qu'il arrive souvent que les propriétaires des tréfonds n'étant pas toujours ceux des terrains au-dessus, on se butte parfois à des refus formels de leur part pour le perçage des trous nécessaires.

V. — Les ventilateurs, avantages et inconvénients

Pour obvier à cet état de choses, nous nous sommes servi de ventilateurs les plus perfectionnés que l'on trouve dans l'industrie, centripèdes et colimaçons mûs par un moteur. Ces ventilateurs déplacent suivant leur puissance de 80 à 200 mètres cubes d'air à la minute, c'est-à-dire de 10 à 30 fois plus que le brasero. Leur effet était donc incontestablement supérieur à celui-ci, mais leur emploi présentait cependant quelques inconvénients : celui, d'abord, de nécessiter une grosse installation très coûteuse, puis ces ventilateurs, encombrants, et d'un certain poids étaient, de ce fait, peu faciles à déplacer, ce qui n'était pas pratique dans notre genre de travail où nous sommes appelés à avoir besoin de ventiler différents endroits de la carrière Nous nous sommes alors appliqué à rechercher un appareil qui remplisse toutes les conditions répondant aux services qu'il doit rendre.

VI. — Le Ventilogène
et ses facilités d'application.

Après de longs essais et de nombreux tâtonnements, nous sommes enfin arrivé à établir un groupe dit « le Ventilogène » (fig. 14), composé d'un moteur et d'un ventilateur accouplés, et qui, cette fois, l'on peut dire, réunit tous les avantages. Ces groupes, en effet, donnent pour une dépense minime, un maximum de rendement et cela sous un volume dix fois moindre que ce qui s'est fait jusqu'ici.

Ajoutons à cela qu'ils se transportent aisément dans n'importe quel endroit de la champignonnière où l'air fait défaut et peuvent même ventiler les caves où il n'existe pas de puits d'aérage.

Dans ce cas, un simple tuyautage communiquant avec la bouche, refoule au dehors l'air vicié, ou encore, suivant les conditions, le Ventilogène est placé à l'entrée de la carrière où il aspire l'air sain qu'il refoule à l'intérieur.

CHAPITRE XII

LE FUMIER DESTINÉ A LA CULTURE DES CHAMPIGNONS

I. Diverses méthodes de préparation du fumier : en Espagne; en France; en Suisse. — II. Fumier frais et fumier trop fait. — III. Teneur en azote du fumier avant et après la culture des Champignons. — IV. Composition de la paille et la cellulose. — V. Rôle de l'ammoniaque. — VI. Fermentation butyrique. — VII. Fermentation chimique et fermentation putride. — VIII. Nécessité d'un juste degré de fermentation. — IX. Fumier de cheval et fumier de mouton. — X. Moyen d'activer la fermentation chimique. — XI. Comment on reconnaît le degré de fermentation. — XII. Approvisionnement, prix et rendement du fumier ; son remplacement éventuel.

I. — Diverses méthodes de préparation du fumier : en Espagne; en France; en Suisse.

Avant de donner la clef des opérations qui se succèdent en pratique dans la préparation du fumier, nous allons exposer ici quelques considérations théoriques sur ses différentes transformations afin de démontrer à quel degré sa fermentation doit être arrêtée pour constituer un milieu propice à l'évolution du Champignon.

Les quelques exemples qui vont suivre et qui nous ont été indiqués par l'expérience sont bien faits pour nous instruire à ce sujet.

Nous avons en effet observé :

1º Qu'en Espagne, le fumier à Champignons doit être composé en additionnant un tiers de paille à deux tiers de fumier de cheval, pour qu'il devienne, avec deux manipulations, favorable à l'Agaric.

2° Qu'à Paris et dans la banlieue, il se travaille seul sans addition de paille, exception faite du fumier crotti-neux ou de celui préparé pendant des époques plu-vieuses, et que deux ou trois manipulations sont néces-saires pour le rendre à point.

3° Qu'en Suisse, nous avons été amené à ne faire su-bir qu'une seule manipulation au fumier, les chevaux de ce pays étant moins échauffés par le travail et la nourriture que les précédents. Nous avons même été obligé de conduire directement le fumier des écuries dans le local destiné à la culture, de manière à augmen-ter le degré de fermentation de la masse pour en obte-nir le point de dessication et d'oxydation nécessaire, afin d'empêcher les ferments putrides d'accomplir leur œuvre de décomposition.

Quant aux pailles des bords du tas qui n'avaient pas été touchées par la fermentation, leur transformation s'opérait pendant le laps de temps qui s'écoule entre le *chaînage* (1) et le *montage* (2) des meules.

II. — Fumier frais et fumier trop fait.

Par ce qui précède, on voit que trois fumiers, cons-titués en apparence des mêmes matières, doivent, tant à cause de la provenance de leur paille que de la nourri-ture des chevaux qui les ont fournis, ou de l'influence climatérique, subir des préparations différentes pour, en réalité, être amenés au même point de composition, c'est-à-dire à une certaine fermentation rationnelle qui ne doit pas être dépassée.

(1) Opération consistant à distribuer le fumier dans les carrières pour la construction des meules (Voir chap. xiv).

(2) Le montage n'est autre que la confection des meules (Voir Chap. xiv).

Pour se rendre compte de la nécessité d'une juste mesure dans la fermentation, il suffit d'ensemencer du fumier frais en petite quantité, afin d'éviter l'échauffement de la masse : les filaments mycéliens y acquièrent un plus gros développement que dans du fumier travaillé et se résorbent sans fructifier.

D'autre part, si l'on ensemence du fumier trop fermenté, le même phénomène se produit. Cependant, nous devons ajouter que, quelquefois, lorsque l'état hygrométrique du fumier n'est pas trop accentué et que le blanc arrive à s'y enraciner, nous avons constaté, mais le cas est fort rare, que la transformation normale du mycélium pouvait s'effectuer; alors, ses ramifications, quoique plus nombreuses et plus ténues, arrivent, malgré cela, à fructifier.

Il est évident que le blanc a profité des éléments qui ont échappé par dessication aux agents de la putréfaction et se les ait assimilés au moment où ils ont été mis à jour pendant la transformation en humus des fibres ligneuses de la paille. Si les ramifications du mycélium sont plus nombreuses et plus ténues que dans leur végétation normale, c'est que la nourriture est moins abondante et en même temps plus disséminée que dans du fumier bien préparé.

Or, comme nous venons de le voir, si les fumiers frais ou trop faits n'offrent pas au Pratelle les éléments nécessaires à son développement parfait, nous avons acquis la certitude qu'il en est de même des milieux que l'on pourrait composer pour lui avec des sels minéraux, quelques-unes des parties constituantes du fumier, ou le purin.

III. — Teneur en azote du fumier
avant et après la culture des Champignons.

Nous devons dire cependant que le Champignon ne tire pas sa nourriture des matières solubles contenues dans le fumier et que celui-ci doit surtout être considéré comme substratum.

En effet, que l'on prenne un fumier *bon à rentrer*, et, que, après l'avoir débarrassé, par un lavage, des éléments solubles qu'il contient, on le ramène au degré d'humidité qu'il ne doit pas dépasser en culture, il n'aura pas pour cela perdu ses propriétés pour cette utilisation; le blanc y végète et y fructifie comme à l'ordinaire.

Une autre preuve confirme notre opinion et notre dire : la teneur en azote du fumier qui est, avant la culture de 3,16 par 1000 reste encore de 3,13 après. Peut-être est-il bon d'ajouter que la conservation de l'azote est due à plusieurs causes : la première est que l'état de dessication du fumier employé, ne se prête pas à la volatilisation des substances azotées qu'il contient. Qu'en outre, le Champignon n'emprunte rien à l'azote pour sa nutrition, mais, qu'au contraire, il enrichit le fumier des aliments azotés qu'il puise par respiration dans l'atmosphère, rétablissant ainsi l'équilibre.

IV. — Composition de la paille et la cellulose.

Si, comme nous l'avons vu, le Pratelle ne tire pas sa nourriture des parties solubles du fumier, il est évident que c'est parmi les substances insolubles qu'il la trouve. Or, la paille représentant la majeure partie des matières sèches formant le fumier c'est à elle, à n'en pas douter, qu'il la doit.

Composition centésimale de la paille :

Eau.	18.5	
Protéine brute.	3.»	
Matière grasse	1.5	100
Extractif nonazoté. . .	33.»	
Cellulose brute	44.»	

Du tableau ci-dessus il ressort que c'est la *cellulose* qui entre pour la plus grande part dans la composition de la paille. Il est donc certain que ce sont les matières cellulosiques qui fournissent au fumier l'aliment essentiel à la vie de ce Cryptogame.

Cela ne saurait être mis en doute : la végétation de son mycélium sur les fanes desséchées de Pommes de terre, d'Artichauts, d'Asperges, sur les trognons de Choux, feuilles mortes, Chiendents, balles de Blé, chiffons, papiers, etc., où on le récolte, sous la désignation de blanc-vierge, prouve surabondamment que les excréments contenus dans le fumier des chevaux ne sont pas absolument utiles à son développement.

D'autre part, si nous savons que la cellulose est indispensable à l'évolution de l'Agaric, l'expérience nous a enseigné, que lorsqu'elle a été soumise à une fermentation active, elle procure au mycélium son maximum de fructification : c'est ce qui explique pourquoi nous devons faire subir au fumier une fermentation dosée.

V. — Rôle de l'ammoniaque.

Les propriétés ammoniacales du fumier ne jouent pas ici le rôle d'engrais proprement dit : elles ne sont que le facteur de la fermentation chimique laquelle active, comme nous allons le voir, la transformation du fumier au profit du Pratelle, et au détriment des microbes de la putréfaction qui lui sont toxiques.

La transformation du fumier qui a pour but de le rendre propre à notre culture, est due à deux causes distinctes qu'il est utile de connaitre pour savoir discerner à quel point on doit s'arrêter dans sa fabrication ; ce sont : la fermentation butyrique et la fermentation chimique.

VI. — Fermentation butyrique.

La fermentation butyrique provient en partie du *Ba-*

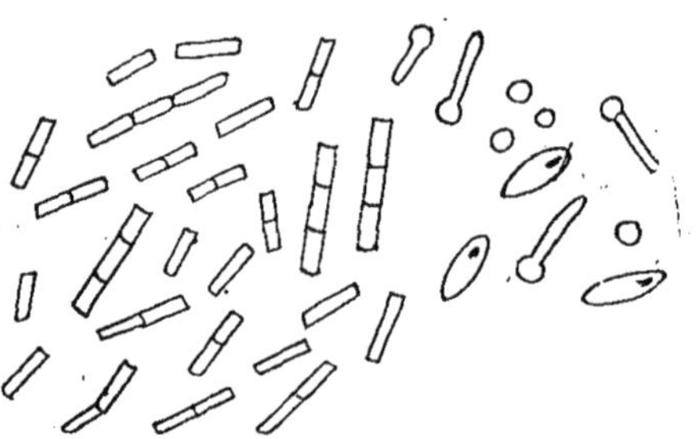

Fig. 15. — *Bacillus amylobacter et ses spores, grossis mille fois.*
Agent de destruction du tissu conjonctif des végétaux.

cillus butyricus et du *Bacillus amylobacter* « le grand destructeur des organes végétaux » comme le dénomme Van Tieghem. Il se nourrit du glucose emprunté au tissu conjonctif qui enveloppe et soude entre elles les fibres ligneuses de la paille, désagrégeant ainsi le fumier et préparant, en quelque sorte, la place à d'autres bactéries. Il ne faudrait pas cependant en conclure que le *Bacillus amylobacter* est l'unique agent de désagrégation des matières végétales ; comme lui, de nombreux microbes errent autour de la mort pour y puiser la vie et travaillent ainsi à l'incessante transformation des êtres et des choses.

VII. — Fermentation chimique et fermentation putride.

Dans la série de leurs décompositions, les végétaux peuvent s'arrêter à des degrés intermédiaires, tel le fumier à Champignons, telles la tourbe, la lignite etc., mais si la destruction suit son cours les microscopiques agents se succèdent et leurs pouvoirs décomposants se complètent l'un par l'autre. A celui-ci les huiles, à celui-là les résines, à cet autre encore les molécules d'amidon, etc., enfin à chacun son œuvre. Par leur concours simultané ou successif, favorisé par l'ambiance, les éléments de la cellule végétale sont mis à jour.

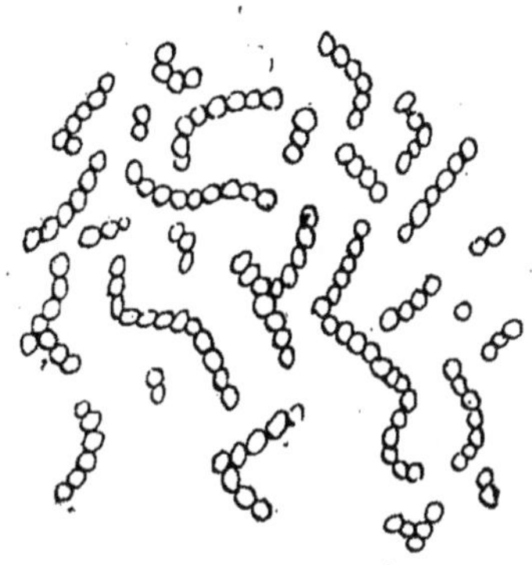

Fig. 16. — *Micrococcus urex qui produit la fermentation ammoniacale en changeant l'urée ou l'acide hippurique en carbonate d'ammoniaque.*

Il en est de même pour la dissociation des substances animales : des ferments innombrables s'y emploient. Dans le fumier, cette fonction est accomplie, pour n'en citer qu'un entre mille, par le *Micrococcus urex* (fig. 16), principal agent de la combustion chimique nécessaire à l'oxydation. Avec son curieux aspect de perles enfilées, c'est lui qui préside à la fermentation chimique ammoniacale, en ramenant à l'état de carbonate d'ammo-

niaque l'acide hippurique contenu dans le fumier.
Comme le *Bacillus amylobacter* (fig. 15), il n'est pas
seul dans sa tâche, il y est aidé par le *Micrococcus nitrificans* (fig. 17) ou *nitrobacterie*, et nombre d'autres microbes travailleurs invisibles, contribuent avec lui à la
transformation qui nous occupe et que nous leur favori-
sons.

VIII. — Nécessité d'un juste degré
de fermentation.

Comme on le voit la fermentation et l'oxydation s'en-
chaînent. A 80° la première cesse pour faire place à la
deuxième qui s'accroît avec l'élévation de la température entre 80° et 90°. A ce degré les cellules s'oxydent et
se transforment en oxycelluloses, en même temps que
les matières organiques et les ferments butyriques dis-
paraissent.

Le fumier est alors à point et sa fermentation doit
s'arrêter là.

Toutefois si, après que la combustion chimique s'est
accomplie dans la masse, il survenait un surcroît d'humidité, cela donnerait naissance à une nouvelle fermentation microbienne, qui, cette fois, ne serait autre que
celle de la putréfaction : le fumier deviendrait alors absolument impropre à la culture des Champignons et ne
pourrait être utilisé que par l'agriculture et l'horti-
culture à l'égal du fumier de ferme.

Plus le fumier est riche en ammoniaque, plus la fermentation chimique est active, partant plus l'oxydation
est rapide. Entassé en masse compacte et porté à un
point suffisant d'humidité, il s'élève, en 48 heures environ, dans l'intérieur du tas, à une température de 80° à
90°. C'est cette surélévation de température, qui se manifeste également dans les couches, pour la production

des primeurs en culture maraichère, que l'on nomme
« coup de feu. »

Au bout de trois ou quatre jours la température baisse
au fur et à mesure de l'évaporation de l'eau et de la dessication du fumier. La fermentation n'est pas encore
complète, car, dans le fumier des bords du tas, la température plus basse n'a pas permis aux ferments d'accomplir leur œuvre d'oxydation chimique : cela est vi-
sible par les pailles du bord qui,
n'étant pas désagrégées, ont
gardé leur rigidité, et ne sont
pas encore transformées par le
rouissage de la fermentation.

Donc, si l'on veut obtenir un
fumier régulièrement oxydé, il
faut arroser modérément, chaque
fois et aussi souvent que cela est
nécessaire et aérer à nouveau la
masse, ce qui se fait par le
moyen des *retournes* (1).

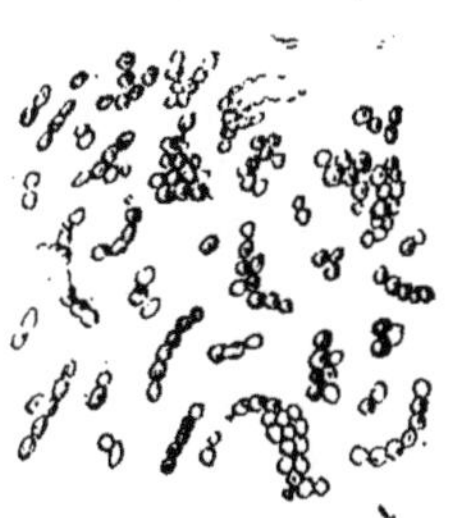

Fig. 17. — *Micrococ-
cus nitrificans ou nitro-
bactéries, transforma-
teurs de l'ammoniaque
en acide nitreux, et de
l'acide nitreux en acide
nitrique.*

IX. — Fumier de cheval et fumier de mouton.

Le meilleur fumier est celui
des chevaux entiers ou des forts
chevaux de traits, qui reçoivent une bonne alimen-
tation sèche, forte en avoine, par conséquent très riche
en matières ammoniacales. Le fumier de ferme ne
saurait être employé dans notre culture, d'abord parce
qu'il est souvent mêlé à des matières organiques et
que, de plus, il a subi déjà, au fur et à mesure de son

(1) Opération consistant en une deuxième manipulation qui a
pour but de compléter le travail de l'abattage (Voir chap. XIII).

entassement, une certaine fermentation qui altère sa qualité.

Nous avons essayé dans nos cultures l'emploi du fumier de mouton mélangé à du fumier de cheval dans la proportion d'un tiers du premier pour deux tiers du second.

Sur la première moitié, à peu près, des 10.000 toises environ de meules ainsi établies, nous avons récolté une moyenne de 3 kilog. 500 de Champignons par mètre courant, ce qui est une production normale, alors que l'autre moitié ne nous a rapporté que 1 kilog. 500.

Nous nous sommes expliqué ainsi les causes de cette énorme différence. Dans les premiers fumiers de mouton que nous avons employés, la surface seule des litières avait été enlevée de la bergerie, de sorte qu'ils ne contenaient que de la paille imprégnée d'urine; ils offraient en outre cet avantage que les bêtes étaient, à cause de la saison d'hiver, nourries de matières sèches et fournissaient des excréments plus consistants.

Pour les seconds fumiers, nous pouvons dire que, non seulement les mêmes précautions n'ont pas été prises quant à l'enlèvement qui, cette fois, se faisait au total, et nous donnait du fumier dont la partie du fond était déjà envahie par les microbes de la putréfaction, mais encore, que les moutons étaient à ce moment aux pâturages et, étant nourris au vert, leurs excréments se rapprochaient alors de la bouse de vache et étaient beaucoup plus froids et plus aqueux que lors du premier essai. La non-réussite essuyée dans le deuxième cas a donc été due à l'emploi d'un fumier trop aqueux favorable en tous points à la fermentation putride qui n'a pas manqué de s'accomplir.

Quoiqu'il en soit, nous pouvons certifier que le fumier de mouton est celui qui peut se classer, pour notre culture, aussitôt après celui du cheval, et nous sommes persuadé que, mélangé à celui-ci et employé avec les précautions énoncées plus haut, il peut donner un résultat appréciable.

X. — Moyen d'activer la fermentation chimique.

Pour nous résumer, nous pouvons dire que le fumier trop mouillé, pauvre en ammoniaque, ou mélangé à des matières organiques est celui qui tend à enrayer la combustion chimique et entrave ainsi l'oxydation.

Quand on constate la pauvreté d'un fumier, ce qui se reconnaît à la trop grande quantité de paille qu'il contient, ou bien à sa composition aqueuse, on augmentera son degré d'alcalinité en l'additionnant de sel d'ammoniaque dans la proportion de cinq pour cent. Cela permettra aux ferments chimiques de se mettre en activité, empêchant ainsi la fermentation putride d'accomplir son œuvre de destruction.

XI. — Comment on reconnaît le degré de fermentation.

On peut reconnaître l'état du fumier à son odeur. Le fumier insuffisamment fermenté, dit *fumier vert*, dégage une odeur ammoniacale semblable à celle des écuries.

Quand il est *à point* pour la culture, il a totalement remplacé cette odeur primitive par une autre spéciale *sui generis*, se rapprochant beaucoup de celle du Champignon.

Quant à l'odeur du fumier *trop fait*, il est impossible de la confondre avec les deux autres : elle ressemble à celle si désagréable du purin ou à celle, putride, du fumier de ferme.

XII. — Approvisionnement, prix et rendement du fumier ; son remplacement éventuel.

Il faut, autant que possible, se procurer la quantité de fumier nécessaire au travail que l'on veut faire. On s'adresse pour cela à des administrations : tramways, manèges, débridées, etc., ou a des particuliers ayant une certaine quantité de chevaux et par suite, étant à même de fournir, dans un bref délai, la quantité dont on a besoin. Les champignonnistes de province et même ceux de la banlieue de Paris s'adressent encore aux « Fermiers généraux des fumiers de Paris » ou à des marchands de fumiers qui le leur expédient par wagons.

Le fumier se vend au poids et son prix varie de 6 à 10 francs les mille kilogrammes. La saison des semences, ou les années pauvres en paille, influent beaucoup sur les prix du fumier et sont les époques où il est le plus cher.

La quantité de meules montées avec un wagon de 10.000 kilogrammes varie de 30 à 45 *toises*, soit 80 mètres environ suivant la grosseur des couches, l'état plus ou moins pailleux du fumier, et la plus ou moins grande abondance d'eau dont souvent le vendeur l'aura imprégné pour en augmenter le poids. Cependant, avec un fumier de bonne qualité, monté en meules de grosseur moyenne, on peut tabler sur 250 kilogrammes par toise.

Le moyen le plus avantageux pour se procurer du fumier est de l'acheter directement aux administrations, à prix fait pour un cheval à la journée ou au mois ; les prix, dans ce cas, varient de 6 à 15 centimes par cheval et par jour, rendu sur la forme ou pris à la porte de l'écurie, suivant les conventions intervenues entre les parties. Le fumier d'un cheval par 24 heures est, en moyenne de 16 kilogs, excréments solides et 4 k. 500, liquides; le rendement d'un mois fournit environ 2 à 3 toises de meules.

Nous ne saurions trop insister pour conseiller à tout champignonniste, qui peut le faire, de se procurer le fumier sans avoir recours aux intermédiaires onéreux; il aura ainsi le double avantage de pouvoir compter sur un travail suivi et régulier, et de réaliser une notable économie sur le prix de revient.

Nous sommes arrivé à composer chimiquement un substratum donnant, dans notre culture, des résultats supérieurs au fumier de cheval.

La seule raison qui nous ait retenu jusqu'ici pour en faire un usage courant est son prix de revient, qui est encore, pour le moment, plus élevé que celui du fumier.

Malgré cela, nous ne désespérons pas d'arriver bientôt à lutter avantageusement avec ce dernier, dont l'emploi nous oblige souvent d'être à la merci de certains spéculateurs, dont nous pourrons alors nous passer.

CHAPITRE XIII

PRÉPARATION DU FUMIER

I. La forme et son emplacement. — II. Forme bétonnée et couverte. — III. Abattage du plancher. — IV. Mélange et arrosage du fumier. — V. Fumier recuit et fumier vert. — VI. Retourne du plancher. — VII. Fumier à point. — VIII. Fumier brûlé et fumier tourné au gras.

I. — La forme et son emplacement.

Une fois en possession d'une carrière, on devra se procurer un terrain à proximité de celle-ci ou du lieu d'arrivée du fumier.

Cet emplacement, qui a reçu, dans le langage technique, le nom de la *forme*, est destiné à recevoir momentanément le fumier pendant qu'il subira les manipulations qui doivent le rendre propre à la culture des Champignons. Comme on le verra plus loin, le fumier a besoin pour sa fermentation d'une assez grande quantité d'eau surtout pendant la saison chaude. On choisira donc de préférence, (cela dans un but économique), un endroit abondamment pourvu d'eau. Cependant, lorsque celle-ci fait défaut, on l'amène sur place au moyen de tonneaux montés sur roues.

Dans ce cas, on place auprès du *plancher* (1) un réservoir ou des baquets que l'on remplit d'eau nécéssaire à l'arrosage du fumier, lequel sera mouillé en temps voulu au fur et à mesure de *l'abattage* (2).

(1) On nomme plancher les tas de fumier établis régulièrement.
(2) L'abattage consiste à former en plancher les tas de fumier déposés en vrac par les voitures.

La forme doit être sèche, solide et établie de manière à faciliter l'écoulement de l'eau et éviter ainsi qu'elle ne croupisse sous le fumier, ce qui favoriserait le développement des microbes de la putréfaction lesquels, ainsi que nous l'avons déjà dit, sont toxiques pour notre champignon.

II. — Forme bétonnée et couverte.

Les formes les plus pratiques, qui offrent le plus d'avantages, et cependant les moins employées, sont celles dont le sol est bétonné et qui sont abritées par un hangar. La désinfection en est plus facile, la perte du fumier y est nulle et elles ont le privilège d'assurer en tout temps le travail du plancher, tout en lui évitant les risques d'être trop mouillé dans les saisons pluvieuses après avoir reçu l'eau suffisante à sa préparation.

III. — Abattage du plancher.

Aussitôt que la quantité de fumier suffisante pour le plancher que l'on veut établir est arrivée sur la *forme*, on procède à *l'abattage* (fig. 18).

L'abattage consiste à mettre en tas régulier, c'est-à-dire en *plancher*, le fumier amené par les voitures et déposé en vrac. On donne au plancher la forme d'un cube parallélipipède ou rectangulaire d'une hauteur de un mètre à un mètre et demi suivant les saisons et l'état plus ou moins sec du fumier, sa longueur et sa largeur sont établies d'après le fumier dont on dispose. Pour monter le plancher on prend d'un côté et par fourchées le fumier déposé en tas irréguliers par les voitures, puis, en le secouant fortement, on le place en face à un mètre de distance environ, en ayant soin de bien mélanger les parties humides, le crottin pur avec la paille, de façon à constituer un mélange, une masse, parfaitement

Fig. 18. — *Abattage du plancher.*

Aussitôt que la quantité de fumier nécessaire au plancher que l'on veut établir est amenée sur la forme, on procède à l'abattage. Un ouvrier, muni d'un croc, arrache du tas déposé en vrac par les voitures, le fumier à mettre en plancher. Ce fumier est repris à la fourche par d'autres ouvriers qui le délitent, le secouent, le mélangent et le disposent en un tas régulier appelé plancher; tandis que l'un d'eux met l'eau qui doit favoriser sa fermentation.

homogène. On s'applique également à donner au nouveau tas la forme indiquée ci-dessus.

IV. — Mélange et arrosage du fumier.

Quand on a atteint la hauteur voulue, on continue à abattre le fumier et à le bien mélanger jusqu'à son son épuisement en ayant soin de conserver à chaque nouveau plancher un talus ayant 40 degrés environ de pente, afin que, en secouant et mélangeant le fumier, les crottins ne tombent pas en trop grande quantité au pied de la *jauge* (1).

Ceux qui échappent à la fourche seront ramassés avec une pelle en bois et jetés en les dispersant sur la jauge pour qu'ils se trouvent mêlés aux parties pailleuses du fumier. Si celui-ci n'a pas le degré d'humidité suffisant, nécessaire à sa fermentation, on l'arrose en ayant soin de répandre l'eau plus abondamment sur les parties sèches et sur les bords. Une fois le fumier épuisé, on conserve une petite pente du côté où l'on a terminé le plancher, on peigne le tas avec la fourche et on piétine les bordures afin de bien les comprimer et d'en favoriser ainsi la fermentation. Les débris et peignures seront ramassés avec soin et étalés sur toute la surface du plancher.

V. — Fumier recuit et fumier vert.

Si le fumier était sec et contenait une quantité de parcelles blanches ressemblant à de la moisissure, ce qu'on appelle *fumier recuit*, il faudrait bien presser tout le plancher pour que la vapeur humide produite par la fermentation intérieure du tas se trouve ainsi arrêtée à la surface et l'imprègne dans toutes ses parties. Si,

(1) On désigne, dans cette préparation, sous le nom de *jauge*, la partie en talus du plancher.

au contraire, le fumier était noir et mouillé, *fumier vert*, on piétinerait les bords seuls du plancher: le fumier, dans ce cas, n'étant pas fortement serré laissera échapper les vapeurs, ce qui favorisera davantage la dessication pendant la fermentation.

Le plancher ainsi terminé sera abandonné à lui-même pendant 7 à 8 jours, si l'on a employé du fumier **vert**, et 5 à 6 jours seulement s'il était recuit.

Aussitôt en plancher le fumier entre en fermentation ; au bout de quelques jours l'intérieur du tas atteint 80° à 90° son maximum de température. Mais ce degré calorique ne tarde pas à diminuer au fur et à mesure que la masse se dessèche. La fermentation est encore active. Cependant l'odeur primitive s'est déjà modifiée et le dedans de la masse a pris une couleur brun foncé (avec des parcelles blanches, premier résultat de l'oxydation chimique. C'est alors que l'on procède à l'opération de la *retourne*.

VI. — Retourne du plancher.

La *retourne* est la deuxième manipulation que l'on fait subir au fumier ; elle consiste à le replacer, en le mélangeant, à l'endroit qu'il occupait avant l'abattage. Pour cela, on recommence l'opération du côté où l'on a terminé l'abattage précédent et auquel nous avons donné le nom de *jauge*. On relève le fumier qui forme le talus de la jauge jusqu'à ce que l'on rencontre celui qui a fermenté, facilement reconnaissable à sa couleur brune tachetée de blanc (oxydation). On étend cette première couche à l'ancienne place et on commence à établir le nouveau tas que l'on élève à la hauteur voulue. On le secoue énergiquement et on le délite avec soin ; en un mot, on recommence toutes les opérations de la première manipulation, en ayant soin de mettre à l'intérieur du plancher le fumier vert ou trop sec qui était précédemment sur les bords.

Tous les mètres environ, le pied de la jauge est nettoyé avec la pelle en bois qui fait, pour la circonstance, office de rabot ; les débris et les crottins ainsi ramassés sont jetés en les étalant sur le tas. L'arrosage se fait d'après l'état plus ou moins sec du fumier, mais en répandant toujours une plus grande quantité d'eau sur les bords. On termine le plancher en laissant, comme la première fois, une pente du côté où l'on s'arrête ; on peigne, on étend les débris sur le dessus et l'on piétine le tout plus ou moins fortement suivant le degré d'humidité, ou de sécheresse de la masse, en s'inspirant de ce que nous avons dit pour la première préparation.

VII. — Fumier à point.

En général, 6 à 8 jours suffisent après cette opération pour que le fumier soit bon à rentrer en carrières. Il doit alors avoir complétemeut perdu l'odeur ammoniacale forte et pénétrante qu'il avait lors de sa première fermentation et avoir acquis une odeur se rapprochant beaucoup de celle du Champignon et à laquelle un bon praticien ne se trompe pas.

Il doit aussi être de couleur brun-foncé avec des parcelles blanches, indices d'une bonne fermentation, avoir de l'élasticité, être onctueux et moite au toucher, et ne pas laisser égoutter d'eau quand on le serre dans la main. Cette règle, toutefois, n'a rien d'absolu et se modifie d'après les circonstances diverses provenant de la nature des caves, de la qualité du fumier, etc. (Voir à ce sujet le chapitre X).

VIII. — Fumier brûlé et fumier tourné au gras.

Dans la pratique on appelle *fumier brûlé* celui que

la fermentation chimique, poussée un peu trop loin, a complètement desséché. On le reconnait aux plaques grises qui se brisent au toucher. Si le coup de feu s'est produit avant le montage des meules, un arrosage modéré pourra le ramener à point; mais, s'il a lieu, après le montage, les couches qui en ont souffert produisent peu et des sujets généralement tachés. De plus, elles sont impropres à la levée du blanc.

Le fumier *tourné au gras* est celui qui, ayant été trop mouillé pendant le travail de la fermentation chimique, a favorisé le développement des ferments putrides et leur a permis d'accomplir sa décomposition. A ce degré il est entièrement toxique pour le Champignon et ne vaut pas d'être rentré en carrières; il est préférable d'en tirer parti pour l'agriculture.

Fig. 19. — *Rentrée au plancher.*

Quand le fumier est à point dans sa fermentation, on le rentre en carrière. Un ou plusieurs ouvriers le chargent alors sur les tombereaux, pendant que le charretier le tasse et l'arrange pour qu'il ne s'en perde pas dans le parcours.

CHAPITRE XIV

LES MEULES ET LEUR CONFECTION

I. Rentrée du fumier. — II. Formation des chaînes ou chaînage. — III. Formes et dimensions des meules. Avantages et inconvénients des petites ou des grosses meules. — IV. Montage des meules; comment y procéder. — V. Comment régler le degré de fermentation du fumier; le sondage.

I. — Rentrée du fumier.

Nous avons vu que les places doivent être préparées à l'avance, le fumier ne devant rencontrer aucun retard quand il est en état d'être rentré en cave pour le montage des meules.

Quand la forme est près des caves, comme cela arrive assez fréquemment pour les carrières à puits, le fumier est amené avec la brouette au bord du trou et précipité dans la carrière où, de nouveau, la brouette le mènera jusqu'à l'endroit où il doit être mis en meules. Si, au contraire, la carrière est loin de la forme on a recours aux voitures pour le transporter jusqu'au puits de descente. De même, dans les carrières accessibles aux voitures et aux tombereaux (fig. 19), on le conduit directement à l'endroit où l'on veut établir les couches.

II. — Formation des chaînes ou chaînage.

A mesure que le fumier est amené en place, un ouvrier le prend et le secoue fortement, pour le bien diviser et déliter, en établissant autant de chaînes qu'il doit y avoir de meules dans la galerie et cela en suivant une ligne parallèle aux parois (fig. 20). Les chaînes seront plus ou moins chargées en fumier, suivant que l'on veut établir des meules plus ou moins volumineuses.

Celles-ci sont généralement de 0^{m}40 à 0^{m}50 de largeur et séparées entre elles par un sentier de 0^{m}25. D'après ces données, il est facile de voir le nombre de meules que l'on pourra monter dans un espace déterminé.

Les chaînes ainsi formées seront laissées telles que pendant quelques jours pour donner le temps au fumier de se refroidir. Après cela on procédera au *montage* des meules.

III. — Formes et dimensions des meules. Avantages et inconvénients des petites ou des grosses meules.

Nous avons abandonné le fumier quelques jours en chaînes afin de laisser tomber sa fermentation avant de l'employer pour la construction des meules; nous allons maintenant procéder à l'opération du montage.

Comme nous l'avons dit, les meules doivent avoir de 0^{m}40 à 0^{m}50 de largeur à la base sur une hauteur généralement égale; leur forme est conique. Leur longueur et leur direction sont très variables et dépendent de la disposition et de la conformation des piliers ainsi que de celles du local, et souvent aussi, de l'imagination du monteur. Cette dernière question n'a du reste aucune importance, à la condition toutefois que la disposition des couches permette entre elles une circulation facile, nécessaire pour les besoins de la récolte et de l'entretien, en utilisant le mieux les emplacements disponibles.

Fig. 20. — *Chaînage du fumier avant le montage des meules.*

A son arrivée dans la carrière, le fumier est reçu par un ouvrier qui le délite et le mélange à nouveau en le disposant en chaînes auxquelles il donne la direction que devront suivre les meules futures. Autant que possible, l'ouvrier s'applique à mettre dans chaque chaîne le fumier suffisant pour la construction d'une meule.

Si l'on opère dans une cave froide, on donnera aux
meules le maximum de grosseur; les meules *jumelles*
et les troisièmes y sont aussi tout indiquées, si, au
contraire la culture se fait dans un local chaud on établira de petites meules.

On nomme meules jumelles ou troisièmes, l'ensemble de deux ou trois meules montées côte à côte
suivant la manière décrite ci-dessus et ayant une base
commune sur une hauteur de 0^m04 à 0^m05. Elles sont
particulièrement recommandables dans les locaux
froids.

On pourrait nous objecter que des meules plus grosses donneraient sans doute plus de produits. Nous
répondrons à cela que nous nous sommes arrêtés aux
dimensions données plus haut parce que nous avons
reconnu que dans des meules plus larges le blanc s'éteignait sans pouvoir fructifier, car le fumier de la surface
est déjà à l'état de *corps de meule* (blanc résorbé), avant
que les filaments fructifères qui sont dans l'intérieur
de la meule, arrivent à la terre de gobetage.

Il est plus économique de limiter la grosseur des
meules, on augmente ainsi la surface de production
et on oblige alors le fumier à fournir son maximum de
rendement.

IV. — Montage des meules; comment y procéder.

Pour *monter*, on prend le fumier de la chaîne avec
les mains, on le divise et on le délite soigneusement en
complétant le mélange des pailles et du crottin comme
il a dû être fait pour toute opération préliminaire relative à la préparation du fumier. Le montage à la fourche aujourd'hui adopté à peu près dans toutes les

champignonnières n'influe en rien sur la production ni sur la *levée* du blanc, mais à la condition que le fumier soit disposé par couches régulières de façon à obtenir un tassage parfait et une surface *(panne)* uniforme sans pailles *bouchonnées* (1) et sans trous. Le *bouchonnage*, empêche non seulement le tassement régulier de la masse mais encore il rend impossible le délitement des *cales* (2) de blanc dans le cas où on voudrait en lever ; c'est lui qui est la cause des trous ou des difformités de la *panne* (3) des meules, très préjudiciables à la récolte car ils facilitent la formation, sous la terre de gobetage, de Champignons appelés *taupins* (par analogie avec la taupe), qui culbutent toute la végétation de la surface des couches.

En délitant le fumier avec la main, ce qui du reste n'a rien de répugnant, l'ouvrier reste beaucoup plus maître de son travail et peut ainsi, avec de la bonne volonté, obtenir un maximum de perfection dans cette opération à laquelle nous attachons une certaine importance. Nous avons en effet observé que des meules mal montées sont impropres à la levée du blanc qui, en outre, s'y épuise beaucoup plus vite et donne un rendement de beaucoup inférieur.

Au fur et à mesure du délitage des chaînes, on place le fumier par petites couches sur le sol, en ayant soin de former premièrement les bords extérieurs de la meule ; le fumier qui sera placé à l'intérieur sera mis de manière à empiéter sur celui des bords et servira ainsi à le retenir. Il sera foulé régulièrement et fortement avec les pieds ou les genoux (fig. 21) en conser-

(1) On dit que les pailles sont bouchonnées lorsqu'elles forment des paquets, arrondis, en se repliant sur elles-mêmes.

(2) Les cales sont les fragments des meules sectionnées pour la levée du blanc.

(3) Surface ou parois des meules.

Fig. 21. — *Montage, sondage et lardage.*

Par le montage, les chaînes sont transformées en meules. L'ouvrier secoue le fumier à la fourche ou à la main, puis le place par lits superposés qu'il serre avec les genoux ; au fur et à mesure du montage, il donne à la meule, avec les mains, la forme conique qu'elle doit avoir. Le montage terminé, un ouvrier procède au sondage qui doit parer aux coups-de-feu, en enfonçant dans la meule un piquet en fer. Après quoi, le lardeur ensemence le fumier en y introduisant le blanc, divisé par mises ou lardons.

vant une légère inclinaison intérieure pour que la terre du gobetage ne glisse pas sur les côtés.

On monte d'abord, de cette manière, la couche placée au pied de l'une des parois de la galerie et que l'on appelle *acòt* : l'acòt n'étant qu'une moitié de meule, on ne formera qu'un demi-cône n'ayant de largeur que 0^m25 à 0^m30 à sa base.

Puis on monte successivement chaque meule en épargnant entre chacune d'elles un sentier de 0^m25 — à moins que l'on ne fasse des meules jumelles — et on termine par le montage de l'acòt de la paroi opposée.

Les meules sont montées comme les acòts mais en forme de dos d'âne; on commence par établir régulièrement le lit de fumier de la base jusqu'à une hauteur de 0^m15 en le serrant fortement, on dresse uniformément les bords en retirant avec la main les pailles ou morceaux de fumier qui rompraient l'alignement. On continue à élever la meule jusqu'à ce qu'elle atteigne la hauteur voulue toujours en délitant et en divisant le fumier et en le serrant jusqu'au sommet (fig. 21).

On a en outre soin de le peigner avec la main pour conserver à la meule une surface uniforme légèrement bombée mais régulièrement inclinée suivant un angle de 85° environ.

V. — Comment régler le degré de fermentation du fumier; le sondage.

Après le montage, pendant quelques jours, il faudra surveiller la fermentation à l'intérieur des meules. Une surélévation de température brûlerait le blanc lardé et même le fumier; c'est là une des causes de l'apparition de la rouille et même quelquefois de non-réussite.

Pour parer aux coups de feu, on percera en biais de chaque côté des meules, avec une aiguille en fer, appelée *sonde* (fig. 21) de 0^m05 de diamètre et terminée en pointe, des trous distancés les uns des autres de 0^m25.

Si ce moyen ne suffisait pas, on soulèverait le fumier avec les mains des deux côtés de la couche de manière à établir des soupiraux. Malgré cela, si la fermentation se continuait trop forte, il ne faudrait pas hésiter à démonter les 2/3 de la hauteur de la meule, et à laisser refroidir complètement le fumier avant de le remonter. Les coups de feu sont surtout à craindre quand le fumier a été rentré *vert*, c'est-à-dire lorsqu'il n'a pas suffisamment fermenté en plancher.

CHAPITRE XV

LE MYCÉLIUM DU CHAMPIGNON CULTIVÉ SES PRINCIPALES SORTES ET LEUR OBTENTION

I. Physiologie du Mycélium; blanc amorphe et blanc rhizo-
morphe. — II. Vrai et faux blanc-vierge. — III. Obtention
du blanc-vierge. — IV. Blanc-vierge stérilisé ou pasteurisé.
— V. Blanc rajeuni; comment l'obtenir.

I. — Physiologie du Mycélium; blanc amorphe et blanc rhizomorphe.

Avant de traiter de l'opération qui doit suivre celle
du montage, et qui est celle de l'ensemencement des
couches, nous croyons utile de consacrer un chapitre
spécial au mycélium de notre Champignon, ainsi qu'à la
manière de s'en procurer, puisque c'est de lui, de sa
qualité, que dépendent en grande partie le succès, la
bonne réussite de notre culture.

Le Mycélium ou *blanc* (fig. 22) est l'appareil végétatif
dont le Champignon est le porte-graines, le fruit.

Ce blanc, lorsqu'il se trouve en végétation dans le
fumier se compose de filaments ténus, anastomosés,
enchevêtrés les uns avec les autres, formant comme une
sorte de feutre : dans cet état, le blanc est *amorphe*.
Mais dès qu'il change de milieu et qu'il rentre dans la
terre de gobetage pour se préparer à fructifier, les filaments se soudent pour former alors des cordons *rhizo-*

morphes assez volumineux, ayant l'aspect de racines, qui précèdent le pied du Champignon.

Les cellules qui composent les filaments mycéliens ont donc subi une différenciation végétative qui n'est pas sans conséquence dans la culture. On sait, en effet, que

Fig. 22. — *Croquis schématique du Mycélium, montrant en bas les cordons rhizomorphes, ou blanc différencié, impropres au bouturage, et en haut des filaments amorphes possédant seuls la faculté de bourgeonnement.*

plus une cellule végétale se différencie, moins elle est apte à la reproduction : c'est ce qui explique pourquoi le blanc à l'état amorphe contenu dans le fumier pourrait se propager indéfiniment sans rien perdre de ses facultés fructificatives, tandis que les cordons rhizomorphes du bord des mises ou de la terre de gobetage, sont impropres à la transplantation parce qu'ils se résorbent le plus généralement sans émettre de bourgeonnements.

La dégénérescence du blanc à chaque transplantation nouvelle peut donc s'expliquer ainsi : étant donné qu'on lève généralement le blanc dans les meules en production afin de pouvoir juger de la qualité du produit, ce blanc contient, malgré que l'épluchage en ait été fait minutieusement, une certaine quantité de cordons rhyzomorphes, lesquels, quoique peu nombreux au moment du nouveau bouturage, vont toujours en envahissant. Il s'ensuit donc que, les cellules du mycélium, se différenciant chaque fois un peu plus, le blanc arrive à ne plus donner autant de produits que dans son jeune âge. Cette dégénérescence oblige alors le champignonniste à l'abandonner après trois, quatre ou cinq opérations, suivant sa puissance végétative, pour le remplacer par du blanc nouveau, indemne de culture ou *vierge*.

II. — Vrai et faux blanc-vierge.

Les champignonnistes désignent sous le nom de blanc vierge le mycélium qui se développe dans les vieux tas de fumier ou autres compositions végétales. On le rencontre aussi très souvent dans les vieilles couches ou en plaine, dans les tas de fumier; mais alors, sa dénomination ne nous paraît pas toujours être exacte, car il est impossible de savoir s'il provient réellement de la germination des spores ou du bouturage. En effet, les jardiniers ont l'habitude d'établir successivement leurs couches ou leurs dépôts de fumier toujours au même endroit. Il en résulte que quelques parcelles de blanc, provenant de la culture précédente, se bouturent par bourgeonnement dans le nouveau fumier qui ne renferme ainsi qu'un blanc dérivé du premier,

Dans les centres champignonniers, il en est de même du blanc soi-disant vierge que certains ouvriers spécialistes vendent comme tel. En réalité ils l'ont levé, le plus souvent, dans du fumier, amas de chiendent, balle de blé, etc., qu'ils avaient lardés au préalable, uniquement en vue du profit qu'ils escomptent en tirer, sans tenir compte des pertes qui pourront en résulter pour l'acheteur.

Pour nous, le véritable blanc-vierge, le seul auquel peut s'appliquer cette dénomination, est celui qui provient de la germination des spores, telle que nous l'indiquons dans la culture du blanc-vierge, et qui entre pour la première fois dans la culture des Champignons par voie de bouturage.

Afin de mettre nos collègues à l'abri des pertes de temps et d'argent que leur occasionne souvent le blanc dont ils ignorent la provenance et les qualités, nous allons leur fournir le moyen de reproduire le mycélium par la germination des spores.

III. — Obtention du blanc-vierge.

Pour se procurer des spores de la variété de Champignons qui convient à ses locaux, le champignonniste choisira dans ses meilleures cultures un beau spécimen qui remplisse bien cette condition, et le laissera s'ouvrir jusqu'à ce que les lamelles soient passées du rose au brun-foncé. A ce moment, le Champignon sera cueilli et placé, les lamelles en dessous, sur du fumier préparé comme pour la culture en carrières. Quelques jours après, les spores seront tombées dans le fumier qu'elles auront ainsi ensemencé. Ce fumier sera alors pressé fortement par plaques épaisses au plus de 5 centimètres, lesquelles plaques seront abandonnées à elles-mêmes dans un local dont la température n'excèdera pas 10 à 12° et suffisamment humide, en même temps qu'isolé de toute culture. Au bout de 80 à 100 jours on aura ainsi du blanc de semis, ou blanc-vierge.

Un autre procédé, facile à employer dans la pratique, consiste à ensemencer du fumier par les spores comme il a été dit ci-dessus, puis à le placer par lit, en le tassant dans des petites tranchées, creusées au préalable. Ces tranchées sont faites le long d'un mur exposé au nord; on leur donne généralement un mètre de largeur tandis que leur profondeur n'excède pas 0ᵐ40, afin d'éviter les coups de feu. Leur longueur est en rapport avec la quantité de fumier à ensemencer.

Pour empêcher la germination des spores étrangères à celles de la culture, on arrosera les parois et le fond des tranchées avec de l'eau sulfatée.

La couche à blanc ainsi établie, on la recouvrira d'environ 0ᵐ20 de terre sulfatée également.

On aura soin de ménager une pente afin que les eaux de pluie puissent glisser facilement sur la couche sans la traverser, ce qui ferait pourrir le fumier qui la compose.

Il ne faudra pas recommencer l'opération au même endroit pendant l'année, cela pour laisser le temps au terrain de se renouveler.

Le blanc ainsi cultivé est bon à lever au bout d'un temps très variable, car il peut s'écouler deux, trois et même six mois avant que le mycélium ait acquis le développement voulu, mais alors il a le grand avantage, étant élevé dans un milieu absolument naturel, de conserver toutes ses facultés végétatives.

Les champignonnistes qui appliqueront ce procédé à leur exploitation, seront amplement dédommagés de ce surcroît de travail, en fait bien minime, par la plus grande production qu'ils obtiendront en culture, puisqu'ils auront pu choisir les variétés supérieures et celles convenant le mieux à leurs carrières.

IV. — Blanc-vierge stérilisé ou pasteurisé.

On peut aussi ensemencer le fumier par les spores en opérant de la façon suivante :

On se procure des spécimens beaux et sains de la variété que l'on veut reproduire ; puis, après en avoir enlevé les pédicules, on dépose les chapeaux dans un récipient en terre vernissée contenant de l'eau *bouillie* que l'on aura laissé refroidir à 40°.

On remue de temps en temps les Champignons contenus dans la terrine ; après quelques heures l'eau est envahie de myriades de spores provenant de l'hyménium ainsi lavé et débarrassé de la plus grande partie de sa semence.

Cette eau-semence est alors répandue, le plus régulièrement possible, sur le fumier destiné à la reproduction du mycélium ; les spores du Pratelle ainsi disséminées germent et se développent sous l'influence des phénomènes qui leur sont nécessaires et que nous avons signalés.

Il existe encore d'autres moyens, évidemment très intéressants, de propager la germination des spores, mais dont nous ne parlons ici que pour mémoire. Ce sont en effet des procédés de laboratoire que les cultivateurs n'emploient pas facilement, car ils sortent de leur domaine. Nous devons ces procédés aux travaux et aux recherches de MM. Brefeld, Van Tieghem, Vogline, Costantin, Matruchot.

MM. Costantin et Matruchot de l'Institut Pasteur, qui s'acquittent avec dévouement de la tâche qu'ils se sont imposée, reproduisent toutes les variétés de Pratelle et l'on trouve ainsi le mycélium que l'on désire chez les marchands-grainiers, en tubes, en cartouches ou en petites plaques représentant la quantité nécessaire à une mise, sous le nom de : *Blanc vierge stérilisé de l'Institut Pasteur.*

V. — Blanc rajeuni ; comment l'obtenir.

Sauf de très rares exceptions, le blanc ne saurait être recommandé après qu'il a servi trois à quatre fois parce qu'il perd de ses facultés fructifères en s'éloignant de son point de germination. C'est ce qui explique pourquoi, dans la pratique, le blanc transplanté (*lardé*) ne donne à chaque opération nouvelle qu'une fructification de moins en moins abondante qui finit par cesser complètement.

D'autres causes d'épuisement sont dues, les unes, à la trop haute température ou *coups de feu* des meules, les autres, à la mauvaise influence des carrières insuffisamment aérées, ainsi qu'à celle, non des moindres, provenant des maladies.

En résumé, il faut prendre pour le lardage un blanc sain et provenant d'un milieu à basse température, 9 à 12°. Nous avons remarqué, en effet, que du blanc élevé à une température supérieure à 12° se retrouvant dans une carrière plus froide, perdait sensiblement de sa vitalité et se laissait facilement attaquer par les maladies.

Le blanc, bien soigné, peut se perpétuer jeune très longtemps dans une exploitation. Pour cela, après avoir constaté que l'on possède une variété à grande production (vorace) ou donnant de beaux produits, il suffit de n'en larder qu'une partie de manière à avoir du blanc *franc* de cette variété en réserve. On en lardera en petite quantité à différentes époques afin d'en avoir à *lever* au fur et à mesure des besoins de la culture.

Nous ne saurions trop insister sur cette façon de procéder, car, pour quiconque sait combien de variétés de blanc-vierge ou soi-disant telles, on est obligé d'essayer avant d'en rencontrer une offrant les qualités fructificatives nécessaires à son emploi cultural, on comprendra sans peine qu'il n'est jamais pris trop de précautions pour la conservation d'une bonne espèce.

Nous avons vu que, pendant qu'il est soumis à la culture en carrières, le blanc est exposé à bien des influences pernicieuses, et entre autres aux coups de feu, fermentation qui se produit à l'intérieur des meules et qui, si elle atteint 30°, atténue beaucoup la vigueur du blanc.

Pour y remédier le champignonniste donne son blanc *à rajeunir* à des maraîchers spécialistes qui cultivent le blanc dehors en hiver. Ce mycélium, venu à l'air libre et élevé au froid, est toujours plus robuste et plus résistant que celui obtenu en carrière; cependant il ne présente pas toujours toutes les garanties voulues.

Souvent, dans un but de gain, le maraîcher force ses meules à blanc en les chauffant avec du fumier sortant de dessous les chevaux, et alors, malgré qu'il possède la plus belle apparence, ce blanc sort de là plus amoindri encore dans sa vitalité qu'à la sortie de la carrière.

D'autres fois, le jardinier larde (bouture) ses meules avec un blanc quelconque offrant au moment de le lever le meilleur aspect de santé, mais appartenant à une variété de Champignons médiocres et de faible rendement.

Il arrive aussi que le champignonniste qui a donné du blanc à rajeunir n'est pas peu surpris de retrouver

Fig. 23. — *Levée du blanc cultivé en plein air. Epluchage*

Quand le blanc a traversé la meule, il est bon à récolter. On divise alors la meule par fragments de 0m40 environ. On divise chaque cale en galettes que l'on visite minutieusement, en les plaçant dans des paniers pour les transporter à l'endroit où doit être effectué le lardage.

ses meilleures espèces chez ses collègues qui les ont obtenues avec la complicité du maraîcher.

Aussi, afin d'obvier à ces pertes, nous conseillons à nos collègues de cultiver et de rajeunir leur blanc eux-mêmes. Cette opération, n'est pas aussi compliquée qu'on pourrait le croire et le tour-de-main qu'elle comporte s'acquiert très facilement avec la pratique.

Les mois qui se prêtent le mieux au rajeunissement du blanc par la culture au dehors, sont ceux d'hiver, d'octobre à février; plus tôt, le blanc aurait à souffrir dans son jeune âge des dernières chaleurs de l'automne et, plus tard, le mycélium, arrivant à maturité dans les mois de mai et juin, subirait un degré de chaleur peut-être plus fort encore que celui duquel ou aurait voulu le préserver en le sortant de la culture en carrière.

Le fumier à employer ne doit pas être aussi fait que pour la culture des Champignons : il doit être en termes de métier *vert* et *pailleux*.

Les meules seront montées un peu plus grosses qu'en caves, 0^{m}65 sur 0^{m}65 et de forme cônique, afin de faciliter l'écoulement des eaux pluviales. Une fois les meules montées, on les larde avec le blanc que l'on veut rajeunir, choisissant toujours pour cela le mycélium produisant les meilleures variétés.

Les *mises* seront disposées sur trois rangs superposés et alternés, et distantes entre elles de 0^{m}12 à 0^{m}15.

Céci fait, on devra s'assurer que les meules ne risquent pas le coup-de-feu du fumier qui est funeste au blanc, puis on les recouvrira d'une chemise de fumier frais très pailleux, pour les garantir des intempéries. On n'aura plus alors qu'à surveiller la marche du blanc et à entretenir le bon état de la couverture qui sera renouvelée si elle arrivait, sous l'action des pluies, à un trop grand degré d'humidité.

Le temps qui s'écoule entre l'époque du lardage et la récolte du blanc est d'environ trois ou quatre mois; cependant, sa durée est subordonnée au degré de température extérieure. Il est évident que la végétation est plus active pendant les hivers doux. Le blanc est bon à lever (fig. 23) quand les filaments mycéliens des mises placées de chaque côté se sont **rejoints** dans l'intérieur de la meule.

CHAPITRE XVI

RÉCOLTE ET CONSERVATION DU BLANC

I. Du choix de la meule pour lever le blanc. — II. Comment reconnaître que le blanc est bon à lever. — III. L'épluchage du blanc. — IV. Séchage et conservation du blanc. — V. Blanc refleuri; seconde sélection. — VI. Stratification du blanc.

I. — Du choix de la meule pour lever le blanc.

Dans la pratique, on appelle *lever* le blanc, l'opération qui consiste à le récolter. Au moment de larder les couches que l'on vient d'établir, on choisit parmi les meules qui ont servi à cultiver le blanc ou à le rajeunir, ou bien dans les cultures précédentes en carrières, celles qui offrent le plus de garanties de réussite dans la levée du blanc.

Dans les meules en carrières, c'est lorsqu'on voit apparaître les *marques* ou premiers Champignons que le mycélium est à point pour le bouturage. On choisit de préférence l'endroit de la meule où la sortie des Pratelles est la plus abondante et la plus régulière. A ce moment, à l'intérieur de la meule, jusqu'aux deux tiers environ de sa hauteur, les brins de paille et les crottins de fumier sont enchevêtrés avec des filaments d'un blanc-bleuâtre qui forment une sorte de feutre.

Avec une vieille faux ad hoc ou une scie spéciale on sectionne la meule choisie par bouts de 0^{m}40 environ.

II. — Comment reconnaître que le blanc
est bon à lever.

Avant de couper plus loin, on devra s'assurer que le blanc est assez *avancé*. Cela se reconnaît à ce que, dans la coupe, le fumier envahi par le mycélium est d'un brun-roux et présente une ligne de démarcation bien tranchée avec le fumier du sommet de la meule, lequel, resté indemne de blanc, a conservé la couleur noire qu'il avait lors du montage.

Si cette donnée laisse des doutes, on peut pousser plus loin l'observation : en ouvrant *la cale* en deux à la hauteur des mises, il sera facile de s'assurer plus précisément encore de l'état de développement du blanc.

III. — L'épluchage du blanc.

S'il est reconnu *bon à lever*, les cales seront chargées sur un bard et transportées hors de la carrière. Là, au grand jour, on procède à l'*épluchage* du blanc (fig. 24). Pour cela, on divise les bouts de meules en galettes que l'on visite minutieusement et desquelles on ne conserve que le blanc amorphe, le plus jeune, c'est-à-dire celui qui se trouve dans un rayon variant de 0^m10 à 0^m20 du côté de son bourgeonnement. Le blanc à point répand une agréable odeur *sui generis* très prononcée rappelant celle des Champignons, odeur que l'on ne peut confondre avec nulle autre une fois qu'on l'a constatée.

Le blanc trop avancé a perdu ce bon parfum qui chez lui est remplacé par un plus aigre.

Il se reconnaît aussi plus particulièrement à la forme de ses filaments qui présentent l'aspect de gros cordons cylindriques, plus simples, moins ramifiés et moins nombreux dans le fumier que chez le blanc amorphe.

Après ce premier choix, on passe une inspection

Fig. 24. — *Epluchage du blanc levé dans la carrière.*

Le blanc provenant des cultures en carrière est amené par cales à l'entrée. Là, au grand jour, on l'épluche en éliminant avec soin toutes les parties ne présentant pas les caractères du blanc sain. Les galettes ainsi vérifiées sont mises en paniers pour être utilisées de suite, ou placées sur des claies si l'on veut les conserver.

sévère de tous les fragments de cales où le blanc a été
reconnu à point; on rejette absolument toutes les parties où l'on constate la présence de petites granulations
blanches ou blanc-jaunâtre (*le plâtre* : odour presque
nulle) vert-jaunâtre (*vert-de-gris* : odeur d'eau de javelle
bien prononcée), ainsi que celles où l'on rencontre des
filaments blanc-jaunâtre plus cotonneux que ceux du
Champignon de couche (*chancy* : odeur de pain moisi);
en un mot, on doit éliminer tout ce qui n'accuserait pas
les caractères francs du blanc parfaitement sain, afin
d'éviter la contagion dans les meules auxquelles le
blanc est destiné.

IV. — Séchage et conservation du blanc.

Nous avons vu, au chapitre xv consacré au mycélium,
que le blanc du Pratelle, une fois sec, peut se conserver
indéfiniment.

Aussi, quand le lardage des meules n'a pas absorbé
tout le blanc dont on dispose, ou que l'on n'a pas de couches à larder au moment où l'on est en possession d'une
bonne espèce de blanc, on le met sécher après l'avoir
épluché soigneusement ainsi qu'il a été dit plus haut.

Afin de faciliter la dessication de toutes les parties
extérieures et intérieures des galettes, on les dédouble
et on les réduit à une épaisseur de 0^m04 au plus. On les
place ensuite debout sur le plancher d'un grenier, en les
entrecroisant de manière à laisser un vide entre elles,
afin que la circulation de l'air s'établisse facilement.

Les champignonnistes soucieux de leur blanc ont des
séchoirs spéciaux composés de claies en bois en forme
de cadres. Ces claies, dont les barreaux sont espacés de
2 ou 3 centimètres, se superposent les unes au-dessus
des autres tous les 0^m25 et reçoivent les galettes de

blanc que l'on a soin de poser à plat et côte à côte ; la dessication sur les claies se fait très régulièrement. On remplace avantageusement les barreaux des séchoirs par du treillage galvanisé. Quelle que soit leur fabrication, les claies ont cet avantage, à cause de leur facilité de superposition, de contenir une certaine quantité de blanc, dans un espace relativement restreint.

V. — Blanc refleuri ; seconde sélection.

Il arrive assez souvent pendant les saisons humides que le blanc ne sèche pas très vite : il sera bon de le visiter et de le retourner en plaçant en-dessus la surface qui se trouvait précédemment en dessous. On devra, en outre, s'assurer que les filaments mycéliens ne deviennent pas mousseux (*refleuris*) car, alors, ils s'atrophieraient et ne se boutureraient pas.

Au bout de quelques jours de séchage, et avant de servir au lardage, le blanc sec sera épluché à nouveau (*repassé*) ce qui permettra l'élimination absolue des parties infectées qui auraient échappées au premier épluchage ou qui se seraient développées en cordons rhizomorphes avant la complète dessication.

Ajoutons que pour faciliter la recherche des diverses qualités de blanc on les étiquette et on les sépare les unes des autres.

VI. — Stratification du blanc.

Pour larder les couches établies en plein air, et, par suite, exposées à toutes les intempéries des saisons, on doit de préférence, employer le blanc tel qu'il sort du séchoir.

S'il s'agit, au contraire, d'ensemencer des meules en carrière, l'expérience nous a prouvé qu'il y a un grand avantage à faire, avant l'opération, *revenir* le blanc à l'humidité.

Pour cela, on porte les plaques du séchoir dans la carrière et on les étale sur le sol jusqu'à ce que l'humidité les imprègne et ramène les filaments mycéliens à leur état normal : ils sont alors blanchâtres et légèrement mousseux à leur extrémité.

Le temps de la stratification du blanc varie de 6 à 8 jours suivant le degré de chaleur et d'hygrométrie du local.

Il est important, pour n'avoir pas à subir des pertes inutiles, de ne faire *revenir* que la quantité de blanc dont on a besoin immédiatement. Si le blanc, en effet, restait trop longtemps en stratification, il serait perdu, car on ne peut plus sécher de nouveau le blanc stratifié (*refleuri*).

CHAPITRE XVII

LE LARDAGE ET LE GOBETAGE
DES MEULES

I. Différentes dénominations du blanc. — II. Le lardage. —
III. Comment opérer le lardage. — IV. Vérification de la
reprise. — V. Tapotage des meules. — VI. Gobetage des
meules ; nécessité du gobetage. — VII. Choix et composition de la terre à gobeter. — VIII. Manière de gobeter. —
IX. Du talochage. — X. Soins après le gobetage.

I. — Différentes dénominations du blanc.

Nous avons dit que, dans la pratique, on appelle
blanc-vierge celui qui n'a pas encore servi au lardage
ou au bouturage des couches.

Le blanc-vierge récolté dans les meules se dit *franc,*
et prend, à mesure qu'il se perpétue dans la culture, les
dénominations de : en *premier*, en *deuxième*, etc.

II. — Le Lardage.

Le lardage des meules est une opération délicate
dont la bonne exécution est une des bases d'où peut
dépendre bien souvent la réussite ou l'échec dans la
culture. D'ailleurs, son importance est tellement recon-
nue qu'elle est généralement faite par le maître de la
champignonnière lui-même ou à défaut par des ouvriers
spécialistes et de confiance. Cette opération consiste à
garnir les couches de petites galettes de blanc longues

d'environ 0ᵐ07, larges de 0ᵐ05, et d'une épaisseur de 0ᵐ03. Ces galettes ainsi réduites et que l'on nomme *mises*, sont placées dans chaque face latérale et sur deux rangs : le premier à 0ᵐ05 du sol et le deuxième à 0ᵐ15, soit à 0ᵐ10 du premier. Les mises sont distancées entre elles de 0ᵐ20 et celles du deuxième rang doivent être placées au-dessus de l'intervalle que laissent entre elles celles du premier, c'est-à-dire en quinconce.

III. — Comment opérer le lardage.

Pour larder on prend avec précaution le blanc disposé dans le panier, lequel est placé en face de soi : on ouvre la *cale* que l'on dédouble pour l'amener aux dimensions voulues. La mise est gardée dans la main droite tandis que, de la main gauche, on soulève le fumier de la meule à l'endroit convenable et l'on place celle-ci dans le trou ainsi pratiqué. La disposition des mises doit-être faite assez près des bords de la meule pour que celles-ci restent apparentes après avoir appuyé légèrement avec la main le fumier que l'on a dérangé.

Pour larder l'intérieur des meules jumelles, il suffira de poser la mise dans l'entre-deux de celles-ci en l'enfonçant un peu sur le fumier. Cette façon de procéder a l'avantage d'économiser le temps de l'ouvrier et le blanc, car on n'a ainsi besoin que d'une mise au lieu de deux. De plus l'enlèvement de la mise sera très facile lors du tapotage, tout en laissant moins de traces de blanc passé.

IV. — Vérification de la reprise.

Après le lardage, les filaments du blanc sortent de la mise et gagnent le fumier de la meule ; c'est ainsi que de trois à quatre semaines plus tard environ, suivant la chaleur de la carrière, le fumier est uniformément envahi autour de la mise par le mycélium. Il apparaît

Fig. 25. — *Tapotage et peignage des meules. Balayage des sentiers.*

Lorsque le blanc est bien enraciné et s'est bien propagé dans la meule, on retire les mises. On peigne la meule en enlevant avec les doigts les brins de paille qui dépassent l'alignement; puis on la tapote légèrement avec la paume de la main de façon à en rendre la surface aussi unie que possible. Ce travail terminé, on balaie les sentiers, pour enlever tous les déchets du peignage.

alors à la surface des filons blanc-bleuâtre qui indiquent que le blanc est bien attaché.

On doit donc examiner le bord des meules à l'endroit des mises et si quelques-unes avaient manqué on les remplacerait aussitôt.

V. Tapotage des meules.

Afin de s'assurer que les meules sont bonnes à *gobeter* on visite quelques mises de distance en distance en ouvrant, avec le bout du doigt, des trous sur le côté, de manière à constater l'état d'avancement du blanc. Si les filaments, provenant du bourgeonnement de la mise, ont envahi le fumier neuf des meules dans un rayon de quatre à six centimètres elles seront prêtes pour le gobetage. Si la végétation du mycélium n'avait pas atteint ce degré d'avancement, il faudrait attendre quelques jours encore.

Quand on juge que les meules peuvent être gobetées, on les foule fortement en marchant dessus afin de resserrer le fumier, puis on les peigne avec les doigts et on les tapote légèrement avec le plat de la main, pour les rendre aussi uniformes que possible (fig. 25).

Au fur et à mesure du peignage on enlève les mises ayant servi au lardage et qui ne sont plus que du vieux blanc en décomposition, déterminant souvent les maladies que nous avons fait connaître. Cette opération doit être faite délicatement afin de ne pas arracher le jeune blanc en ôtant les mises épuisées.

Dès que les meules sont tapotées, on ramasse avec soin les peignures et les vieilles mises, on balaie les sentiers très proprement, ce qui aura déjà été fait après le montage, et on transporte tous ces débris hors de la carrière,

VI. — Gobetage des meules ; nécessité du gobetage

Le *gobetage* a pour but, en recouvrant les meules d'un mélange de terre, de fournir au mycélium un milieu nécessaire à sa fructification. Cette nécessité du gobetage résulte d'une cause physiologique ayant, en biologie cryptogamique, une loi très générale qui veut que, lorsque le mycélium arrive dans un milieu qui n'est plus nutritif pour lui, il se prépare à fructifier. Il se transforme alors en cordons cylindriques qui, en arrivant à l'air, s'épanouissent en nodosités disposées le plus souvent en forme de petites grappes qui ne sont autres que les Champignons en formation, ou *marques*.

Le blanc ne fructifierait donc que faiblement si on ne recouvrait pas les meules d'une chemise de terre composée de manière à être chaude en même temps qu'apte à conserver un certain degré hygrométrique que l'on rendra constant par des arrosages dosés et soignés, car un surcroît d'humidité serait aussi funeste à l'évolution de notre Pratelle que la trop grande sécheresse.

VII. — Choix et composition de la terre à gobeter

Le mélange de terres, répondant à ces deux exigences, doit se faire dans la proportion de trois parties de calcaire, constitué par des matériaux calcaires, plâtre, craie, déchets de pierres tendres, etc., pour une partie de terre végétale, quand celle-ci est riche en argile.

Dans le cas où cette dernière serait siliceuse, on en mettrait un tiers contre deux de calcaire. Pendant cette opération appelée *cuvage* et qui se fait en disposant les terres à mélanger par couches alternées de blanche et de noire, on donne au composé, s'il ne l'a déjà, le degré d'humidité qu'il doit posséder pour sa bonne utilisation.

Fig. 26. — *Transport des terres à la hotte et gobetage.*

La terre est amenée dans les sentiers à la hotte ou à la polka; après quoi les ouvriers l'appliquent sur la meule au moyen de pelles plates en bois. Ils recouvrent la meule entièrement et le plus uniformément possible d'une épaisseur de terre de 1 à 2 centimètres. Cette opération constitue le gobtage.

Pour cela, on mouille avec un arrosoir à pomme fine
le tas de terres mélangées, en arrosant de préférence
sur la couche calcaire afin d'éviter le mortier que produit plus facilement la terre végétale. Le degré de la
moiteur à donner doit être dosé de façon que la terre
garde l'empreinte des doigts si on la presse dans la
main.

Quelques personnes ont affirmé que la nature de la
terre de gobetage n'avait aucune influence sur la formation des Champignons : c'est là une erreur pro-
fonde.

Si le gobetage est nécessaire pour faire produire au
mycélium son maximum de fructification, faut-il encore
qu'il soit fait un bon choix des matériaux employés
à sa confection si l'on veut obtenir un bon résultat.
L'expérience nous a donné la certitude qu'un mélange
rationnel de calcaire à la terre végétale offre au Champignon cultivé les meilleures conditions de développement. L'action favorable de la terre calcaire tient à son
étanchéité qui, par absorption, capte l'humidité des carrières, l'argile contenu dans la terre végétale fixe cette
hygrométrie dans l'ensemble du gobetage et favorise
ainsi la végétation de l'Agaric, toujours avide d'humidité.

En termes de métier, on dit que le gobetage *tire aux
grains* lorsque la dose de terre végétale l'emporte dans
le mélange, sur le calcaire ; on le dit *maigre*, si au contraire ce dernier domine.

La terre étant cuvée est portée dans les sentiers à *dos*
d'homme à la *hotte*, ou roulée au moyen de brouettes à
devant étroit et à pieds resserrés appelées *polkas*. Les
hottées de terre sont déposées dans les sentiers tous
les 0^m75 environ, les polkas tous les mètres (fig. 26).

VIII. — Manière de gobeter.

Le gobetage, proprement dit, consiste à revêtir la meule, sur toute sa surface, d'une légère couche de terre, préparée comme il est dit ci-dessus, d'environ deux centimètres d'épaisseur. Ce travail se fait au moyen d'une pelle en bois de 0ᵐ16 de large sur 0ᵐ25 de long ayant un manche de 0ᵐ80 de longueur (fig. 26).

Au moyen de cette pelle, on prend la terre que l'on lance sur la surface de la meule, on retourne vivement l'outil de manière à ressaisir la terre ainsi projetée pour qu'elle ne glisse pas sur le sol, et au moyen d'une faible pression, exercée sur l'instrument, on la fait adhérer sur la meule, en poussant la pelle en avant de manière à rendre la chemise de terre bien uniforme.

Une fois le gobetage terminé on arrose légèrement la surface des couches qu'on laisse ainsi jusqu'au lendemain matin où l'on procède au *talochage*.

IX. — Du talochage.

Le talochage consiste à frapper avec précaution du dos de la pelle à gobeter la chemise de terre que l'on a posée la veille, de manière à en rendre l'adhérence telle que l'eau de l'arrosage ne puisse l'entraîner. Pour cela on appuie légèrement la terre, en ramenant doucement la pelle à soi (fig. 26). On aura le soin d'éviter la formation d'un mortier, *gobetage lissé*, qui pourrait se produire si la terre était trop humide ou si la pelle était passée trop souvent à la même place ; ce mortier durcirait en séchant et formerait comme un enduit, une croute, qui nuirait ainsi à la sortie des Champignons. En outre, lors des arrosages, l'eau glisserait sur ce revêtement, au lieu de pénétrer dedans. Le talochage est la dernière opération du gobetage.

X. — Soins après le gobetage.

On n'a plus ensuite qu'à entretenir les meules suffisamment humides. Cette recommandation s'applique surtout aux sentiers; pour y parvenir, on les arrose fréquemment en se servant pour ce travail d'un arrosoir dit *arrosoir à mouiller*. On le munit d'une pomme à trous très fins, qui fait office de pulvérisateur. Cette pomme sert exclusivement pour l'arrosage des meules, car les sentiers sont directement arrosés au goulot.

Environ vingt jours après le gobetage les premières marques apparaissent, indices de la formation prochaine des Champignons.

Cependant cette période qui s'écoule entre le lardage et la production, n'a rien d'absolu; elle est même on ne peut plus variable. Ainsi, en Suisse, dans une petite carrière creusée dans des alluvions glacières, des meules lardées en novembre 1891, n'ont laissé apparaître les premières marques qu'en octobre 1892, soit après onze longs mois d'attente.

En Espagne, par contre, nous avons observé des marques au bout de vingt-cinq jours de lardage, cela indique assez que la température a une influence marquée sur la marche de la végétation.

Tant qu'il y a du blanc dans les meules il faut patienter et espérer la production tant qu'il n'est pas résorbé.

CHAPITRE XVIII

RÉCOLTE DES CHAMPIGNONS

I. Des marques. — II. Des rochers. — III. Avantage d'une
cueillette faite à point. — IV. Manière d'effectuer la cueillette. — V. Triage par qualités. — VI. Préparation et parage
des paniers. — VII. Nécessité et pratique de l'Etêtage. —
VIII. Durée de la production.

I. — Des marques.

Il faut avoir cultivé des Champignons pour savoir
avec quelle anxiété le praticien attend pendant quinze
jours, trois semaines ou quelquefois plus longtemps
encore l'apparition des *marques*. Aussi, quel plaisir
pour lui de constater autour des mises des couronnes
de plaques blanches plus ou moins régulières, renflées
par endroits, ou bien encore de voir la terre de gobetage se soulever, se craqueler, livrant passage à de
petites nodosités blanchâtres! L'une et l'autre de ces
marques, indices d'une prochaine récolte, sont les premiers Champignons en formation.

Le champignonniste redouble alors d'attention et
surveille ses meules, car il sait reconnaître à certaines
façons qu'ont les marques de se présenter ou de se
développer dans ses carrières, quel pourra être le
résultat de sa culture, et il se trompe rarement.

II. — Des Rochers.

Les marques se présentent en effet sous plusieurs
formes à la surface des meules. Quelquefois ce sont des

filaments blanchâtres cotonneux qui végètent sur la terre de gobetage : on dit alors qu'il y a marque en *toile d'araignée*. D'autres fois apparaissent de petites vésicules réunies en plaques d'un beau blanc : c'est la marque *en grains*; plus tard ces marques formeront des groupes : ce sera le *rocher* (fig. 27). Parfois aussi les Champignons se développent sous la terre et arrivent tout formés sur la meule.

Ces différentes manières d'être chez le même genre d'individus sont dues à la nature de la cave ainsi qu'à la composition des terres employées au gobetage, mais ne signifient rien quant à la réussite. Quinze ou vingt jours environ après l'apparition des marques, (ce temps varie suivant la température de la carrière,) les Champipignons sont à point pour être livrés au commerce, c'est-à-dire qu'ils ne sont pas encore ouverts, la membrane encore adhérente au pied ne laisse pas voir les feuillets.

III. — Avantage d'une cueillette faite à point.

A ce moment la grosseur du Champignon est très variable, elle change pour chaque individu et tel sujet dont le chapeau est de la circonférence d'une pièce de un franc est bon à cueillir, tandis qu'à côté de lui un autre de la grosseur d'une pièce de cinq francs ou plus pourra attendre au lendemain.

Il faut une grande habitude pour reconnaître à première vue le Champignon bon à cueillir et l'on ne saurait trop s'appliquer à acquérir le coup d'œil nécessaire et une grande habileté sur ce point d'où dérive l'appréciation exacte.

En effet, une cueillette faite régulièrement et à point donne une plus-value très sensible sur le poids total d'une récolte : un Champignon pris trop jeune peut

Fig. 27. — *Rochers de Champignons, montrant ceux-ci à différents degrés de développement.*

En culture, il est évident qu'il ne doit pas exister dans le rocher de Champignons ouverts (Galypèdes), on les cueille, pour la vente, avant que la membrane soit détachée du chapeau.

subir une perte de poids variant de 5 à 15 grammes et quelquefois davantage.

Que l'on prenne si l'on veut la moyenne de ces chiffres et qu'on l'applique à quelques milliers cueillis dans les mêmes conditions et l'on pourra juger des pertes journalières que, de ce fait, l'exploitation aura à supporter.

IV. — Manière d'effectuer la cueillette.

Pour cueillir un Champignon on le saisit par la tête avec les doigts en glissant l'index vivement, mais délicatement, entre la tige et le chapeau, ce qui permet au cueilleur de se rendre compte de l'état de maturité du sujet.

Si la partie du chapeau adhérente au pédicule est ferme et résistante, le Champignon ne doit pas être cueilli; si, au contraire, on rencontre un petit vide entre le pied et le chapeau et si cette partie offre sous la pression du doigt une certaine mollesse, le Champignon doit être cueilli.

On lui imprime alors un petit mouvement de torsion autour de la base en le tirant légèrement à soi pour le détacher en évitant de déraciner les petits Champignons qui croissent au pied Les ouvriers spécialistes jugent du premier coup d'œil et même à distance si un Champignon est ou non à point pour la récolte.

Les Champignons cueillis sont déposés dans un panier que l'on tient sous le bras (fig. 28) ou qui est placé en face de soi.

Au fur et à mesure de la cueillette, les Champignons doivent être mis directement dans les paniers ou dans les emballages qui doivent servir à leur expédition ou à leur livraison, cela pour éviter des manipulations qui leur enlèveraient leur première fraîcheur.

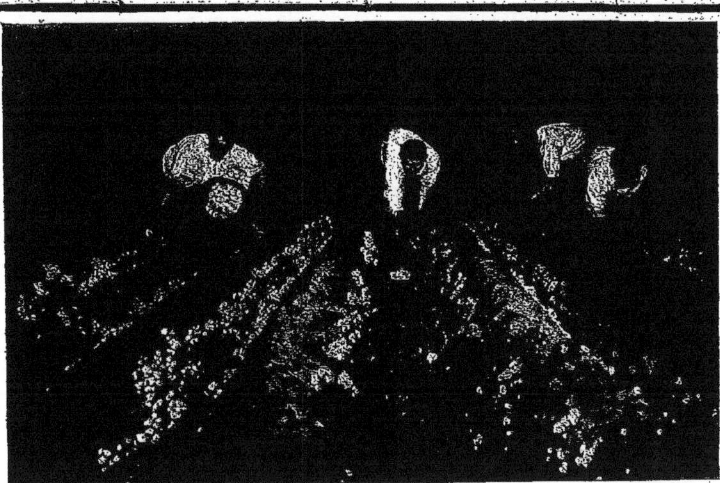

Fig. 28. — *Cueillette. Rabottage. Essouchage.*

Pour faire la récolte, le cueilleur tient son panier, sous le bras gauche et prend délicatement, de la main droite, les Champignons bons à cueillir. Derrière le cueilleur, un ouvrier enlève de la meule les souches et les Champignons malades et les dépose dans le sentier. Après lui, vient le rabotteur qui, muni d'une petite pelle ou rabot de bois, nettoie les sentiers et réunit en bas les déchets qui sont ensuite portés hors de la carrière.

V. — Triage par qualités.

Pour le même motif, il est bon, en même temps, de procéder au triage par grosseur et par qualités. Quoiqu'il existe un grand nombre de variétés de Champignons, on les ramène pour la vente à trois catégories : les beaux *blancs*, les beaux *blonds*, et les petits, mélangés blancs et blonds, destinés à la conservation. Les tachés et les ouverts ou galypèdes doivent également être mis à part; ils constituent le quatrième choix.

Cette division des qualités à son importance pour la vente, car les marques des cueillettes et des triages bien effectués tiennent les hauts prix du marché. On conçoit, en effet, que dans l'estimation des lots de Champignons, l'acheteur ne manque pas d'établir plutôt sa base de prix sur les moins beaux. Ceux de premier choix subissent de ce fait une dépréciation.

VI. — Préparation et parage des paniers.

Lorsque les paniers sont garnis de Champignons, on les *pare*. Cette opération consiste à aligner délicatement les Champignons du dessus de façon à n'en plus laisser voir que les chapeaux, ce qui donne un plus joli coup-d'œil à la marchandise.

Cependant, cette préparation doit être faite avec des Champignons correspondant à ceux de l'intérieur du panier, car ce serait une grosse erreur de croire avantager ses produits en parant les paniers avec les plus beaux spécimens. La supercherie est vite découverte par l'acheteur qui, à l'avenir, doute de la marque ainsi fraudée et ne l'achète plus, ou seulement à prix réduits.

La cueillette se fait le matin ou le soir de chaque jour dans les carrières froides et deux fois par jour dans les caves chaudes; dans ce cas, la première de ces deux récoltes se dit *étêtage*.

VII. — Nécessité et pratique de l'Etêtage.

Quand on ne doit pas expédier les Champignons immédiatement après la récolte, ce qui est généralement le cas pour les carrières chaudes **où** l'on doit faire deux cueillettes par jour, et pour celles **de** province où l'on n'expédie que tous les deux jours, **on** les place, en les cueillant, par petits tas dans les sentiers. Ils conservent ainsi toute leur fraîcheur, tandis qu'ils s'échaufferaient très vite en séjournant dans un panier ou dans un emballage quelconque. Cette cueillette préliminaire s'appelle *étêtage* et l'on donne le nom de *cueille* proprement dite à la seconde récolte de la journée.

En général, les heures d'expédition et les moyens d'écoulement des produits indiquent le moment de la journée où la cueillette doit être effectuée de préférence.

VIII. — Durée de la production.

La récolte se continue ainsi chaque jour, mais elle varie beaucoup en quantité car la production procède par *volées* (1). Sa durée dépend de la qualité des matières

(1) Chaque mouvement de lune amène en effet une recrudescence de production, et il est bien rare que l'apparition des marques ne corresponde pas à la nouvelle lune. La température extérieure joue aussi un très grand rôle, c'est ainsi que lorsque nous subissons une série de pluies, l'air intérieur devient aussi plus imprégné d'humidité et fournit au Champignon une ambiance hygrométrique qui lui est favorable. De même, les orages ont une grande influence sur les Champignons qui activent leur développement et multiplient quelquefois la récolte pendant les journées orageuses. Cette plus grande énergie constatée alors dans la végétation doit provenir de ce que l'électricité augmente l'oxygène contenu dans l'air qu'il purifie en brûlant le gaz acide carbonique, en même temps que les vibrations électriques agissent sur les matières

premières employées à la confection des meules ainsi que de la température des carrières.

Les caves à plafond bas étant habituellement plus chaudes, la production y est très active et dure environ deux mois. Dans les carrières froides, le développement est plus long à se produire, mais la récolte peut durer trois, quatre et même six mois.

nitreuses du sol qui, de ce fait, deviennent plus facilement assimilables par les Champignons.

Les expériences, que nous avons faites, de culture cryptogamique forcée par l'électricite atmosphérique, laquelle était captée au moyen d'appareils spéciaux, nous ont donné des résultats se rapprochant du même phénomène naturel de surcroît de production pendant les temps d'orage. L'aiguille aimantée qui nous servait d'appareil enregistreur s'inclinait au moment du lever et du coucher du soleil, ainsi qu'à chaque mouvement de lune, mais son inclinaison augmentait au passage d'un nuage chargé d'électricité et donnait son maximum quand l'orage éclatait. La marche plus ou moins active de la végétation correspondait à la plus ou moins grande intensité du courant, contrôlé par l'appareil enregistreur.

Il y a là, nous semble-t-il, une indication précieuse pour une culture raisonnée, basée sur cette particularité, et dont on aurait tort de ne pas tenir compte. L'établissement d'expériences comparatives pourrait avoir un champ très vaste et il en résulterait vraisemblablement des améliorations sensibles.

CHAPITRE XIX

ENTRETIEN DES MEULES

I. Essouchage. — II. Rabottage. — III. Regarnissage. —
IV. Pratique de l'arrosage.

I. — Essouchage.

Après la cüeillette, surtout à l'endroit des rochers, il
reste, là où reposait le pédicule, une masse charnue,
semi-ligneuse, et semi-terreuse, à laquelle on a donné
le nom de *souche*. En examinant ces souches avec
attention, on voit qu'elles sont formées de terre calcaire
durcie, amalgamée avec des ramifications blanches : ce
n'est autre chose que le mélange intime de la terre de
gobetage avec le mycélium du Champignon. La présence des souches à la surface des meules provient des
débris de la cassure de la tige du Champignon à la
partie inférieure de son pied.

Elles pourraient occasionner un grand préjudice à la
production future en empêchant la formation de nouveaux
Champignons à l'endroit qu'elles occupent ou en déterminant la maladie de la molle si l'on ne prenait la précaution d'en délivrer les meules avant qu'elles ne ren-
trent en décomposition.

Pour les enlever, on se sert d'un couteau effilé avec
la lame duquel on décrit un cercle autour de leur pied,
en ayant soin de ne pas déraciner les petits Champignons en grains ou en marques qui se trouvent sur les

bords de la souche. Aussitôt celle-ci enlevée, on la dépose dans le sentier où l'on met aussi les grains morts et les Champignons sur lesquels on verrait poindre les symptômes des maladies que nous avons décrites.

Cette opération constitue *l'essouchage* (fig. 28).

II. — Rabottage.

Après avoir essouché, on nettoie soigneusement les sentiers pour qu'il n'y reste aucune matière nuisible ou capable d'infection quelconque. Ce travail se fait au moyen d'une petite pelle en bois appelée rabot, avec laquelle on entasse de distance en distance les déchets que l'on veut enlever (fig. 28) et que l'on transporte, à l'aide d'un panier, hors de la carrière.

III. — Regarnissage.

Le *regarnissage* consiste à reboucher avec de la terre à gobeter les trous que l'on a faits sur les meules en essouchant, ainsi que ceux produits à la suite de la cueillette des Champignons. On profite de ce travail pour effectuer un nouveau gobetage aux endroits où la terre aurait glissé sous l'action de l'eau d'arrosage ou par suite d'une trop grande sécheresse (fig. 29).

Pour cela, on se sert d'un seau dit « à regarnir » que l'on remplit de terre à gobeter. On le tient sous le bras gauche ou on le pose en face de soi dans le sentier; puis, avec la main droite, la terre, prise par petites poignées, est appliquée avec précaution dans les trous que l'on a à combler. On égalise la surface avec le dos des doigts en évitant d'écraser les petits Champignons qui croissent autour et qui ont été soigneusement épargnés lors de l'essouchage.

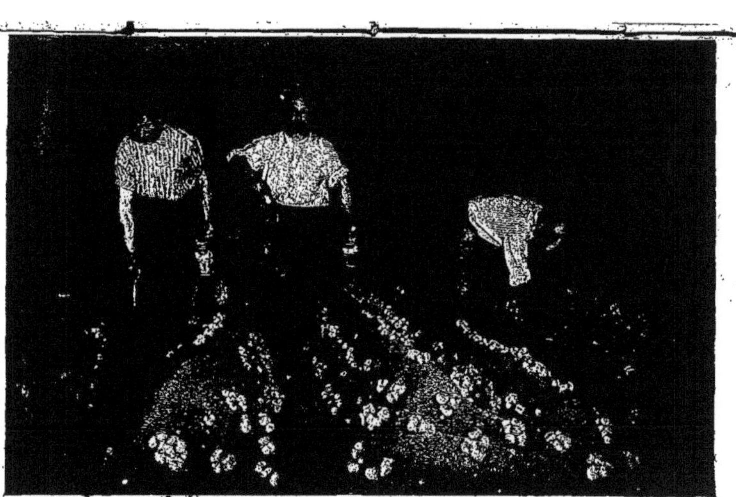

Fig. 291. — *Mouille en sentiers. Mouille en panne. Regarnissage.*

Après la cueillette et l'essouchage, il existe à la surface des meules des trous qui mettent à nu le fumier et que l'on rebouche avec de la terre fine, pour faciliter la formation de nouveaux champignons. Ce travail terminé, on mouille, si besoin en est, en sentiers pour donner de la sève, et en pannes, c'est-à-dire sur les meules, si la terre de goptage est trop sèche.

IV. — Pratique de l'arrosage.

Après chaque regarnissage pratiqué, en général, toutes les semaines, plus souvent, si besoin est, dans dans les fortes productions, on arrose les meules. On se sert pour cela d'un arrosoir muni d'une pomme spéciale à trous très fins (dite *pomme à mouiller*) et disposés de manière à déverser très régulièrement l'eau sur les meules que l'on veut arroser (fig. 29).

Lorsque le sol de la carrière est sec, on procède à l'arrosage des sentiers (fig. 29), c'est-à-dire que l'on verse l'eau dans le chemin directement avec le goulot de l'arrosoir.

Ces *mouilles* sont répétées suffisamment pour qu'il y ait dans la carrière un degré d'humidité constante, se rapprochant le plus du point de saturation.

L'arrosage des couches est chose très importante, aussi est-ce un réel avantage pour le champignonniste quand il peut avoir l'eau dans ses caves. Des mouilles faites à propos sont toujours d'un grand effet sur la production des meules.

C'est pourquoi, dans les carrières privées d'eau faut-il se mettre en mesure d'en avoir constamment une certaine quantité en réserve.

Dans les carrières à bouches, ainsi que nous l'avons déjà dit, l'eau est amenée directement dans les baquets ou autres récipients par des tonneaux montés sur roues.

Dans les caves à puits, l'eau descend à l'intérieur au moyen de tuyaux en toile fixés au robinet du tonneau, ou par des cables le long desquels, elle descend doucement et régulièrement par un simple effet de capillarité. L'eau, recueillie en bas dans des baquets, est apportée dans les différentes galeries par des hommes qui font la chaîne et qui passent les récipients à l'ouvrier spécial chargé de la mouille.

L'arrosage des meules en production se fait avec de l'eau pure ou avec un lait de chaux très léger, ou encore avec de l'eau lysolée suivant les cas, comme nous l'avons indiqué dans les chapitres vii à ix consacrés aux maladies et aux ennemis des Champignons, ainsi qu'aux méthodes de traitement.

CHÁPITRE XX

LA VENTE DES CHAMPIGNONS

I. Divers modes de vente. — II. Vendeurs d'autrefois et
mandataires d'aujourd'hui. — III. Le Syndicat des cultivateurs de Champignons de France. — IV. Le magasinage
des paniers vides.

I. — Divers modes de vente.

Il existe pour les champignonnistes, deux modes
d'écouler leur marchandise : la vente à l'état frais et la
vente en conserves.

Les champignonnistes de province approvisionnent
généralement les marchés des villes environnantes et
font ainsi en quelque sorte le détail de leurs produits;
c'est sans contredit le moyen de tirer le meilleur parti
de la récolte. D'autres fois, ils s'entendent avec une
usine de conserves, lorsqu'il s'en trouve à proximité,
et ils passent des marchés à forfait. Il est certain qu'ils
trouveraient un avantage à préparer eux-mêmes leurs
Champignons pour la conservation et à les vendre ainsi;
c'est pourquoi nous donnons plus loin le procédé de
cette fabrication.

II. — Vendeurs d'autrefois et mandataires
d'aujourd'hui.

Les champignonnistes parisiens et ceux des pays
suburbains n'ont pas le privilège de pouvoir être leurs
propres vendeurs : il ne leur serait guère possible, en

effet, de placer eux-mêmes leurs produits sur les différents marchés de la capitale. Aussi ont-ils recours à des intermédiaires qui se chargent de la vente aux Halles centrales.

Il y a quelques années seulement, était commissionnaire en Champignons qui voulait, ou pour mieux dire, qui trouvait une clientèle. Ces vendeurs n'étaient soumis à aucun contrôle, de sorte que le producteur devait s'en rapporter exclusivement à leur bonne foi dans le réglement des ventes effectuées pour son compte. On conçoit aisément que ce système avait donné lieu, de la part de certains commissionnaires, à un commerce qui mériterait un tout autre nom.

Nous pourrions nous étendre davantage sur ces faits, mais notre intention est simplement de les citer, en passant, à titre documentaire, tout en souhaitant le bonheur qu'ils méritent à ceux qui se sont fait une fortune en vendant la récolte de quelques travailleurs qui, eux, sont restés d'honnêtes pauvres diables.

Cet état de choses n'a pas été sans nuire considérablement aux champignonnistes en général ; les cours étaient tombés à des prix dérisoires : c'est ainsi qu'en 1889, nous avons vendu dans une semaine 600 kilogs de Champignons pour 30 francs.

III. — Le Syndicat des cultivateurs de Champignons de France.

Aussi, en 1890-91, quelques champignonnistes prirent l'initiative de constituer un syndicat qui commença à fonctionner le 1er janvier 1892 et prit le nom de *Syndicat des Cultivateurs de Champignons de France*. Son siège social est 16, rue Pierre Lescot, à Paris. Le but du Syndicat était d'arriver par des réformes à assurer la vente à des prix plus rémunérateurs. De son côté, la préfecture de police remplaça les commissionnaires-vendeurs par des mandataires.

Ces derniers doivent verser à la Ville, en garantie de leur mandat, un certain cautionnement, et ne sont agréés qu'après enquête de la Préfecture de police.

Ils sont, en outre, soumis à un contrôle du commissaire des Halles, contrôle qui laisse encore à désirer.

Il est établi par un livre appelé *italien*. Cet italien dont le nom revient à chaque instant dans la conversation du mandataire avec son client, n'est pas une preuve suffisante du prix de la vente des Champignons, et ne sert qu'au mandataire qui se retranche toujours derrière cette comptabilité.

Nous pouvons dire que, dans l'état actuel des choses il n'y a qu'un moyen sûr de contrôle pour le champignonniste : c'est de se présenter chez les acheteurs sérieux, et il y en a, comme aussi des mandataires, puis de comparer les prix sur les feuilles de vente de leur marchandise avec ceux correspondants de l'acheteur.

Comme on le voit, il y a encore, dans tout ce qui concerne notre industrie, bien des lacunes que nous avons citées chaque fois que cela a été nécessaire. Nous espérons que notre Syndicat qui a déjà fait beaucoup dans l'intérêt de notre corporation, prendra encore à tâche de les combler.

IV. — Le magasinage des paniers vides.

C'est à notre Syndicat que nous devons aussi la création d'un magasin de remise et d'abris pour les paniers vides (sis à Paris, 22, rue du Bouloi). En outre qu'il supprime toute perte de paniers par le système des jetons remboursables, le personnel du magasin contrôle les tares en plus ou en moins des paniers, en se basant sur 3 kilogrammes poids moyen d'un panier vide.

Pour ceux de nos collègues qui voudraient se passer d'intermédiaires, parce qu'ils se trouvent trop loin de Paris, d'un grand centre, ou même trop éloignés d'une gare pour pouvoir expédier tous les jours, le meilleur moyen de tirer parti de leur récolte serait de mettre leurs produits en conserve.

Nous traitons ce sujet dans le chapitre suivant en décrivant plusieurs procédés qui permettent à tout champignonniste de devenir conservateur.

CHAPITRE XXI

LA CONSERVATION DES CHAMPIGNONS
PROCÉDÉS INDUSTRIELS

I. Avantages d'une conserve faite sur place. — II. Epluchage, triage, lavage et cuisson. — III. Mise en boîtes et stérilisation. — IV. Champignons au beurre.

I. — Avantages d'une conserve faite sur place.

La conserve des Champignons pour donner le meilleur résultat doit être faite aussitôt les Champignons cueillis. Aussi, les producteurs sont-ils mieux placés que n'importe quelle personne, pour cette fabrication. Nos Pratelles ne peuvent pas attendre sans se détériorer et il est évident que lorsque les usiniers les achètent aux halles et après qu'ils ont subi les diverses manipulations de chargement, transport, déchargement, etc., il leur est difficile d'obtenir une conserve blanche et belle sans employer certains moyens de blanchiment qui ne sont pas sans altérer le goût et la qualité des produits.

II. — Epluchage, triage, lavage et cuisson.

On coupe le bout terreux du pied des Champignons en même temps que l'on procède au triage des qualités, afin d'éviter une nouvelle manipulation.

Le premier choix, — *Choix tout-têtes*, comprend les Champignons dont on coupe le pied au ras de la tête ; les pieds passent aux *tout-venants* ;

Le deuxième choix, — *Extra-choix* ou têtes et queues,

est fait de jolis Champignons fermés, entiers, de toutes grosseurs.

Pour le troisième choix, — *Choix-courant* ou tout-venants, on emploie les Champignons un peu ouverts, ou dont le pied manque, ainsi que les pieds recoupés des tout-têtes.

Le quatrième choix se compose des Champignons ouverts ou *galypèdes* et des tachés.

Chacun de ces choix par qualité doit être à nouveau trié par grosseur pour correspondre à la grandeur des boîtes et permettre, par le blanchiment séparé, une cuisson rationnelle.

L'épluchage et le triage terminés, on prépare pour la cuisson le liquide suivant que l'on met chauffer dans la *bassine*.

Pour 10 litres d'eau :

      300 grammes de sel.
      10 grammes d'alun.
      15 grammes d'acide sulfureux.
      15 grammes d'acide citrique.

On jette les Champignons en petite quantité à la fois et par choix, dans un baquet plein d'eau à laquelle on ajoute 2 grammes d'acide sulfureux et 2 grammes d'acide citrique par litre. On les lave en les frottant légèrement et en les remuant dans le baquet sans les briser. On les rince au fur et à mesure dans un autre baquet d'eau pure et on les retire avec une passoire ou un *panier égouttoir*. Après quoi on les met dans le *panier perforé*, spécial pour la cuisson, que l'on plonge dans la bassine lorsque l'eau est arrivée à parfaite ébullition. On laisse cuire de 10 à 15 minutes suivant la grosseur des Champignons.

On retire le panier, on le met quelques minutes à

l'eau courante dans un *bac* dit *à rafraîchir*, de manière à refroidir complètement et rapidement les Champignons et empêcher ainsi que la cuisson continue. Il est bon de les laisser dégorger dans l'eau froide pendant quelques heures avant de les mettre en boîtes.

On recommence l'opération de la cuisson autant de fois qu'il est nécessaire pour cuire toutes les qualités et grosseurs de Champignons épluchés ; on ne doit les laver que lorsque le moment est venu de les cuire ; autrement, en les laissant séjourner dans l'eau, ils s'ouvriraient et devraient alors passer aux galypèdes.

Pour ceux-ci, qui forment avec les tachés le dernier choix, on doit, lors de l'épluchage, détourer les bords, c'est-à-dire les couper franchement, afin qu'il ne reste plus de franges ni de bavures autour du chapeau.

Il faut aussi enlever les lamelles trop brunes qui donneraient une vilaine teinte à la cuisson. Les galypèdes trop gros seront coupés en deux ou en quatre ainsi que les pieds trop longs. Les Champignons tachés seront visités un à un dans l'eau de lavage et les taches grattées légèrement au couteau, en ayant soin de conserver au chapeau la forme ronde qu'il doit avoir.

Les eaux de lavage et de cuisson peuvent servir plusieurs fois et ne sont renouvelées que lorsqu'elles commencent à se saturer.

III. — Mise en boîtes et stérilisation.

Les Champignons, après avoir suffisamment dégorgé, sont égouttés et vidés sur des tables zinguées où l'on procède à la mise en boîtes.

On met par boîte de 1 litre   450 gr. de Champignons
—   1/2   —   225   —
—   1/4   —   110   —
—   1/8   —   50   —

Ces boites sont étiquetées ou imprimées avec la désignation du choix.

Il est bien entendu que les gros Champignons, quelle qu'en soit la qualité, iront dans les boîtes d'un litre et les autres grosseurs suivant la grandeur des boîtes pour arriver à celles d'un huitième qui ne devront contenir que de très petits Champignons. Les qualités tout-venants et galypèdes ne se font pas en huitième de litre.

Au fur et à mesure de l'emboîtage on enlèvera du premier et deuxième choix les Champignons qui se seraient ouverts à la cuisson, ainsi que les pieds que l'on passera au troisième ou quatrième choix.

On pèse exactement les boîtes et l'on jute avec la composition suivante qui se fait à froid et que l'on filtre préalablement.

Pour 10 litres d'eau bouillie :

      250 grammes de sel.

      10 grammes acide sulfureux.

      10 grammes citrique.

Cela fait, il ne reste plus qu'à souder les boîtes, ou, mieux, à les sertir. Il faut autant que possible, que ces deux opérations de l'emboîtage et du bouchage soient faites très rapidement car les Champignons fermenteraient très vite s'ils n'étaient stérilisés aussitôt mis en boîtes.

La soudure a donc l'inconvénient de demander beaucoup de temps, même en multipliant les ouvriers soudeurs, chose qui n'est pas toujours facile. Cependant, pour une petite exploitation, la boîte soudée est suffisante, car elle évite l'achat d'une sertisseuse et d'un moteur. Malgré cette dépense, la boîte sertie est à recommander : un seul ouvrier pouvant en une heure procéder, avec la machine à sertir, à la fermeture de 3 à 400 boîtes.

Sitôt bouchées, les boîtes sont portées à l'*autoclave* ou marmite à stériliser ; on les dispose par rangs dans le panier perforé spécial pour l'autoclave appelé *diaphane*. Dès que l'eau de l'autoclave est en ébullition on soulève avec un paland disposé ad hoc, le diaphane garni des boîtes que l'on a à stériliser, et on le plonge dans l'autoclave. Ceci fait, on ferme le couvercle au moyen des vis de sûreté. On donne 20 minutes à 115 degrés pour les boîtes 4/4 et 15 minutes à 110 degrés pour les boîtes 1/2, 1/4 et 1/8. Ce temps écoulé, on retire le diaphane au moyen du paland et on refroidit les boîtes par un jet d'eau ou à l'eau courante.

Si, en essuyant les boîtes, on en trouve des fuites ou des bombées, on les ouvre et on passe le contenu dans les galypèdes, après l'avoir fait recuire pendant quelques minutes.

IV. — Champignons au beurre.

Si l'on veut faire une conservation qui sorte par sa qualité des marchandises courantes, on choisit les Champignons tout-têtes les plus blancs et les mieux faits. On les tourne ou on découpe le dessus du chapeau à l'aide d'emporte-pièces. On les cuit selon la méthode ordinaire et on les emboîte presqu'à pleines boîtes, c'est-à-dire que pour les 4/4 on met 700 grammes et pour les 1/2 350 grammes.

On remplace le jus par du beurre bien frais, 25 grammes pour les litres et 15 grammes pour les demis.

On bouche et on donne à l'autoclave le même temps de cuisson que pour l'autre conserve.

Il est évident que cette conservation plus soignée est tout à fait de luxe et ne se rencontre pas partout.

CHAPITRE XXII

UTILISATION ET VENTE DU FUMIER DES MEULES

I. Composition du corps de meule. — II. Qualités du fumier de Champignons comme engrais. — III. Diverses utilisations du fumier de Champignons. — IV. Prix de vente.

I. — Composition du corps de meule.

Nous avons vu au chapitre du Mycélium que, lorsque le blanc a fructifié dans un certain milieu et qu'il s'est résorbé, il ne peut plus recommencer d'y vivre. Par conséquent, lorsque les meules ont fini de produire, le fumier qui les compose et que l'on appelle *corps de meule*, ne peut plus servir à la culture suivante ; il est utilisé alors comme engrais par l'agriculture. Il est incontestablement supérieur au fumier de ferme.

Nous avons vu, en effet, au chapitre xiii qu'il subit pour notre culture, une sorte de dessication, par tant de conservation : c'est ce qui explique pourquoi, après qu'il a servi de substratum pour la production des Champignons, nous le retrouvons, comme composition, à peu de chose près ce qu'il était auparavant.

II. — Qualités du fumier de Champignons comme engrais.

Nous avons déjà dit que les éléments azotés que le fumier renferme étaient de 3 gr. 16 pour 1000 avant la culture et de 3 gr. 13 après. Sa perte en azote est donc minime; en revanche, il s'est enrichi, pendant la longue période qu'il reste en contact avec le calcaire, des matières nitreuses que lui fournit la terre de gobetage, avec laquelle il se trouve encore plus ou moins mélangé, à sa sortie des carrières. Le corps de meule offre aussi cet avantage qui n'est pas à dédaigner; c'est que, tout en étant encore plus maniable et enfouissable que le fumier de tourbe, il ne porte pas préjudice à l'agriculture, comme le fait cet engrais, puisqu'il est composé uniquement de paille de blé.

En outre, pendant son stage en carrières, sous l'action de la douce température, les grains qu'il contenait et qui avaient résisté aux deux fermentations, perdent leurs facultés germinatives ou accomplissent leur évolution; de sorte que le corps de meule ne contient plus aucun grain susceptible de donner naissance à de mauvaises herbes étrangères à la semence, cela, contrairement aux autres fumiers.

Aussi, est-il très apprécié des agriculteurs, maraîchers, horticulteurs et jardiniers qui en ont déjà fait usage.

III. — Diverses utilisations du fumier de Champignons.

Il est très recommandable pour les aspergeries à cause de sa légèreté et du calcaire qu'il contient, et comme paillis sur les jeunes semis où il sert, en même temps que d'engrais, de réservoir d'humidité. Son emploi est aussi tout indiqué pour le paillis des Fraisiers des corbeilles, plates-bandes de fleurs, des massifs d'arbustes etc., car il est très propre d'aspect et ne dégage aucune odeur.

Pour les céréales, il produit un très bon effet lorsque, après les semences, on l'étale sur le terrain et on l'enfouit avec le grain par le hersage. Dans toutes ses autres applications, nous conseillons de ne pas trop l'enfouir.

Par un non-sens bizarre et que seul l'empirisme peut expliquer, il n'est pas rare de voir des agriculteurs dédaigner cet engrais, bien qu'il soit à proximité de leurs champs, prétendant que du fumier qui a déjà servi ne peut plus rien contenir de fertilisant; certains, même, à qui nous en avons donné pour en faire l'essai ont préféré le jeter, plutôt que de tenter l'expérience.

D'autres, au contraire, n'hésitent pas à faire 20 et même 30 kilomètres pour s'en procurer. Question d'idées, sans doute. Cependant, cette appréciation du gros cultivateur de l'endroit sert d'exemple dans la région. De là, la difficulté qu'ont certains champignonnistes d'écouler leur corps-de-meule, alors que dans d'autres pays, leurs collègues n'en ont pas pour tous. D'où les deux modes de vente en usage: sur place, ou sur wagons.

IV. — Prix de Vente.

La vente sur place se fait généralement à la toise et varie de 0 fr. 75 à 1 fr. 50, suivant les endroits, la facilité d'accès de la carrière et la grosseur des meules. Sur wagons, le fumier est livré en gare de départ au mètre cube à des prix variant de 4 à 6 francs.

Dans les carrières à puits, le corps-de-meule est ramené sous les trous de service par les brouettes, et remonté dans des bannes en osier avec un treuil à bras, à chevaux ou, mieux, à moteur.

CULTURES MARAÎCHÈRE
ET D'AMATEURS

La culture des Champignons de couche, pratiquée par les amateurs est basée sur la méthode de culture industrielle; elle s'y rapporte absolument, quant au fond et ne varie que dans les détails d'application qui dépendent des locaux dont dispose l'amateur.

I. — Conditions essentielles de réussite.

Quelle que soit l'importance de la culture, nous ne saurions trop répéter, que deux points essentiels sont à observer si l'on veut obtenir un bon résultat : 1° la qualité et la préparation du fumier; 2° la valeur culturale du blanc ou mycélium.

Si l'on trouve parfois des Champignons sur de vieilles couches, des tas de fumier ou autres débris végétaux, il ne faut pas en conclure qu'il est inutile d'apporter tous ses soins à la préparation du fumier et au choix du blanc. Il est évident que chaque fois qu'un végétal Phanérogame ou Cryptogame croit à l'état sauvage sur un sol, dans un milieu quelconque, il y est aidé par certains phénomènes naturels. Or, en culture, il faut compenser ces phénomènes, artificiellement : ce qui explique pourquoi nous devons, par divers tours de mains, arriver à produire un milieu, une ambiance favorables à notre Champignon.

C'est ce que nous réalisons à l'aide de manipulations que nous faisons subir au fumier ; de même, devons-nous rechercher les sujets les plus vivaces ; c'est-à-dire choisir avec soin notre mycélium.

Dans des locaux ou abris quelconques on peut opérer en toute saison à la condition de maintenir la température entre 10° minimum et 15° maximum. Au dessous de 10° la fructification est trop lente et au dessus de 15° les couches ou meules sont beaucoup plus vite épuisées. En plein air, seule l'époque des fortes chaleurs est préjudiciable à la production.

II. — Choix et préparation du fumier. Abattage et retourne.

Voici, par ordre de qualité, les différents composés que l'on peut employer en petite culture :

Fumier de cheval, de mouton, ou les deux mélangés ; pour la culture en meules. silos, caves, serres, plein air, etc.

Crottin pur ou mélangé de bouse bovine sèche : pour la petite culture portative, en caisses, baquets, tiroirs, etc... Viennent ensuite les fumiers de chèvres, lapins ; les balles de blé, les feuilles fermentées, etc. (1)

(1) Nous avons cultivé sur couches composées de feuilles, le *Tricholoma nudum* qui nous a donné, au point de vue amateur surtout, un résultat encourageant. Le Mycélium de ce Champignon. dont le nom vulgaire est « pied-bleu », est violacé-pâle. On le trouve à l'état naturel sur des feuilles mortes mises en réserve par les cultivateurs ou entassées par le vent. C'est dans ce milieu que nous l'avons recueilli en automne pour larder une couche établie dans une cave et qui nous a don   d'excellents résultats.

De tous ceux que nous venons de citer, nous ne parlerons que de la préparation du fumier de cheval qui est le plus employé et donne le plus de garanties ; ce que nous en disons pourra néanmoins s'appliquer, à la rigueur, aux autres fumiers.

Dès que l'on a la quantité de fumier suffisante pour établir ce que l'on veut mettre en culture, on le délite en le secouant avec une fourche, en ayant bien soin de mélanger les parties sèches avec les parties humides, les crottins avec la paille. On le débarrasse en même temps des corps étrangers qui s'y trouvent souvent mêlés. A mesure qu'on le mélange, on le dispose en tas réguliers d'un mètre de hauteur, sur une largeur d'au moins deux mètres ; la longueur est déterminée par la quantité que l'on a. Chaque lit est disposé en plan incliné de 25 à 30°, de manière à obtenir une pente suffisante pour retenir les crottins et l'eau d'arrosage et éviter qu'ils ne tombent au pied du tas sur le sol. Le tas ainsi établi se nomme *plancher*.

On monte alors dessus et on le piétine pour le tasser, en appuyant plus fort sur les bords de manière à le serrer davantage à ces endroits.

Si le fumier était très sec, on ajouterait de l'eau sur le plancher, tout en le marchant.

Après avoir subi ce premier travail, qui s'appelle *abattage*, le fumier est abandonné à lui-même pendant sept ou huit jours, pour lui donner le temps de fermenter. Au bout de cette période, la température s'est sensiblement abaissée par suite de la dessication de la masse.

On reprend alors, avec la fourche, le fumier du côté où l'on avait fini de le mettre en plancher ; on le remanie à nouveau en établissant en face de soi un nouveau tas semblable au premier ; puis, on place à l'intérieur le fumier des bords qui n'a pas subi l'influence de la fermentation, en même temps que l'on arrose si besoin en est.

Généralement, cette deuxième manipulation nommée *retourne* est suffisante. Une semaine environ après qu'elle a été effectuée, le fumier doit avoir perdu son odeur ammoniacale primitive, qui est alors remplacée, lorsque le fumier est à point, par une autre se rapprochant beaucoup de celle de notre Champignon ; il est alors temps d'établir sa culture.

Le fumier bien préparé ne doit être, ni trop sec, ni trop humide ; il est onctueux au toucher. Pressé dans la main, il ne doit pas laisser suinter d'eau.

Si l'on s'apercevait qu'il manque de fermentation, qu'il est trop sec, on procéderait pour achever la préparation à une *deuxième retourne*, en opérant comme pour la première.

Si, au contraire, il était trop fait, s'il avait l'apparence et l'odeur du fumier de ferme, s'il était trop mouillé, il deviendrait impropre à la culture et serait employé pour le jardin ou les champs. On devrait alors recommencer le travail avec du fumier neuf.

Nous avons pensé que l'amateur serait heureux de trouver ici le résumé des opérations préparatoires du fumier, cependant, comme ce serait nous répéter, que de nous étendre davantage, on voudra bien pour plus de renseignements se reporter au chapitre XIII qui traite cette question d'une manière plus approfondie.

Une fois le fumier préparé, on établira sa culture et on procédera à la confection des meules, suivant les divers procédés indiqués plus loin.

III. — Lardage, gobetage et entretien des meules.

L'ensemencement du fumier, quel que soit le genre de culture choisi, doit être fait avec le plus grand soin ;

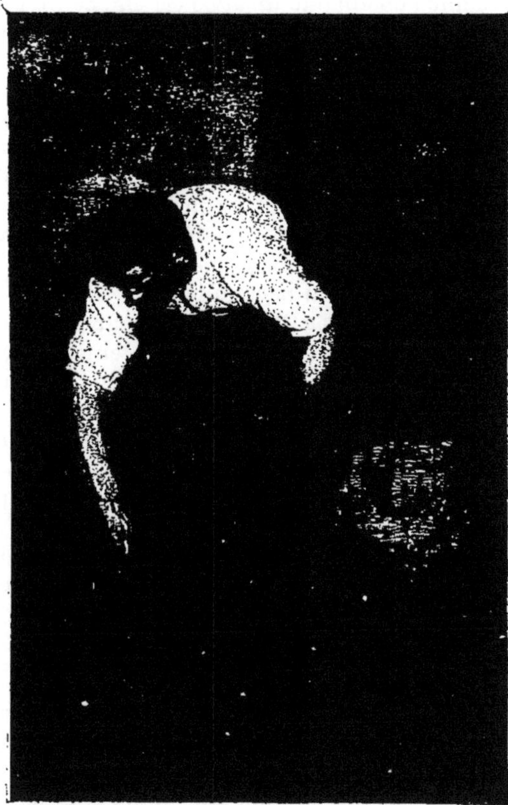

Fig. 30. — *Lardage des meules.*

Cette planche montre un ouvrier occupé à ensemencer le fumier. De la main gauche, il soulève la meule à l'endroit voulu, tandis que, de la main droite, il enfonce la *mise* de blanc dans le trou ainsi pratiqué.

c'est ce que l'on appelle *lardage* (1) (fig. 30). Il est facile d'ailleurs de faire cette opération, même pour un débutant, car l'on trouve dans le commerce, chez les marchands grainiers, chez les maraîchers, et les champignonnistes du *blanc de Champignon* ou *mycélium*, tout préparé, par caissettes ou sous une autre forme, par *mises ou lardons*, que l'on n'a plus qu'à introduire de place en place dans les meules ou les couches.

Quant au *gobetage* (2), il consiste à recouvrir la meule de terre ; nous l'indiquons spécialement pour chaque méthode de culture en particulier.

Lorsqu'il y aura des Champignons sur les meules ou les couches, et même en attendant leur sortie, il sera bon d'arroser celles-ci de temps en temps avec un arrosoir à pomme très fine ou un pulvérisateur, de façon à entretenir l'humidité nécessaire au développement du Pratelle, sans toutefois en abuser.

Il faudra, en outre, nettoyer la culture après que l'on aura fait la récolte, c'est-à-dire enlever les débris des pieds des Champignons qui restent adhérents à la terre de gobetage, et boucher avec de la terre, les trous qui se produiront par ce travail qui s'appelle l'*essouchage* (3).

IV. — Culture maraîchére.

Dans la banlieue de Paris, les jardiniers maraîchers cultivent encore, comme autrefois, les Champignons en plein air.

Le choix et la préparation du fumier sont les mêmes

---

(1) Cette opération n'est autre que l'introduction régulière dans de petites cavités faites à la main, sur les côtés, de petites plaquettes de blanc de Champignon.

(2) En pratique on dit gobetage ou goptage, gobeter ou gobter. Le gobetage consiste à recouvrir entièrement la meule d'une couche de terre qui est appliquée sur le fumier.

(3) Voir ce mot chap. xviii

que pour la culture en carrières ; toutefois celui-ci doit-être tenu un peu moins fait et plus sec, cette culture en plein air, se faisant ordinairement en automne, saison où les pluies sont généralement assez fréquentes. En été, ce procédé de culture n'est pas couronné de beaucoup de succès, par suite de l'excès de chaleur qui amène promptement la décomposition du blanc ; de plus, les fortes pluies d'orage de cette saison entraînent les terres de *gobetage* et déracinent ainsi les Champignons qui croissent à la surface des meules.

Celles-ci doivent être montées autant que possible sur un sol perméable et auquel on donne une certaine pente pour faciliter l'écoulement de l'eau. Dans les périodes par trop humides, le sentier doit être creusé d'un demi fer de bêche. Il forme ainsi drainage et permet d'éviter l'excès d'humidité sous la meule.

Les couches doivent être un peu plus importantes et volumineuses que celles de la culture en carrières, afin de mieux conserver leur chaleur. On leur donne ordinairement 0^m65 de largeur de base sur une hauteur égale ; étant constituées, elles affectent une forme conique.

Dès que les meules sont montées, on les *larde* avec du blanc sec ; cet emploi du blanc sec est d'une certaine importance, à cause de l'action funeste qu'exerce l'humidité sur le blanc frais, beaucoup plus sujet à être envahi par le vert-de-gris et différentes autres maladies, dont nous avons parlé précédemment, (Voir chap. vii).

Après le lardage, on recouvre les meules d'une chemise faite de litière suffisamment épaisse, mais que l'on a soin de renouveller quand elle est imprégnée d'eau, de façon à éviter la pourriture des couches ; on peut employer aussi des paillassons, en observant, bien entendu, les mêmes précautions.

Un mois environ après les avoir lardées, on découvrê les meules ; on effectue le gobetage avec la terre ramassée dans le sentier et on les recouvre comme nous l'avons dit précédemment. Cela fait, il ne reste plus qu'à attendre la production qui a lieu plus ou moins vite selon les rigueurs du temps. En général, il faut compter environ trois mois.

V. — Culture en silos.

La saison qui se prête le mieux à la culture en silos est de septembre à avril.

On creuse dans le terrain des excavations ou tranchées de 1 mètre de profondeur sur 2 mètres de largeur : la longueur et le nombre de ces tranchées en silos dépendent de l'importance que l'on désire donner à ce genre de culture.

La terre provenant de l'excavation est rejetée sur les côtés du silo ; elle relève ainsi le niveau du terrain et donne à la tranchée une profondeur suffisante pour qu'un homme puisse y circuler librement sous la couverture. Celle-ci peut se faire de différentes manières, soit d'un toit de chaume, soit de fagots recouverts de gazon, ou mieux encore avec des traverses de chemin de fer. Ce dernier système de couverture a l'avantage sur les précédents de pouvoir supporter la charge d'une certaine quantité de terre végétale sur laquelle on peut faire des semis ou quelque petite culture maraîchère. En tout cas, quel que soit le mode de couverture adopté, il faut toujours lui garder une pente d'au moins 20 degrés, de manière à permettre aux eaux pluviales ou d'arrosage de la petite culture superposée, de s'écouler, et éviter ainsi qu'elles ne tombent en gouttières à l'intérieur du silo où elles nuiraient à la production. Si, malgré ces précautions prises, quelques infiltrations se pro-

Fig. 31. — *Tapotage des meules*.

Avant de gobeter, on égalise uniformément la surface des meules pour faciliter l'adhérence de la terre.
Les déchets, ou peignures, sont balayés avec soin et portés hors de la cave.

duisaient, il serait facile d'y remédier en établissant un principe de capillarité, qui conduirait l'eau dans le sentier entre les meules. Des planches, des plaques de zinc, de tôle ondulée galvanisée ou autre, sont tout indiquées pour remplir le même but.

Le silo ainsi établi, on ménage à son extrémité une ouverture que l'on surmonte d'un ou deux tonneaux défoncés qui feront office de cheminée d'aérage. A l'entrée, on fixe une porte que l'on ouvre et ferme à volonté.

Il est évident que si l'on entendait multiplier les silos il serait indispensable de laisser entre chacun d'eux une masse de terre d'au moins deux mètres, pour éviter l'écrasement qui pourrait se produire par suite du poids des terres et de la couverture, ainsi que pour permettre l'entrainement des eaux de pluie.

Dans le silo, on construit les *meules* (1) comme dans la culture en carrières ; la largeur de deux mètres est suffisante pour établir un *août* (1) de chaque côté, et au milieu une *meule double* dite *jumelle* (1), séparés entre eux par un sentier.

Le fumier à employer doit être le même que celui pour la culture industrielle, et l'on peut de même se conformer à cette culture pour toutes les autres opérations, ou plus simplement à nos données préliminaires.

VI. — Culture en serres.

Les personnes, ayant à leur disposition des serres de culture ou de forçage, à l'intérieur desquelles sont établies des bâches et des tablettes destinées à supporter les pots contenant les plantes, pourront utiliser ces des-

1. Voir chap. xiv, par. 3.

sous de rayons pour l'aménagement de meules à Champignons.

Mais, comme la température est généralement très élevée dans les serres chaudes et tempérées, on aura soin d'employer du fumier plus fait que pour la culture en carrières ou les autres petites cultures, cela afin d'éviter les coups de feu qui ne manqueraient pas de se produire et brûleraient le mycélium. Cet inconvénient est moins à craindre dans les serres froides.

Les meules seront construites selon la forme et la méthode indiquées au paragraphe « Culture en meules »; mais le gobetage devra être fait avec seulement du terreau ou de la terre végétale, plus froide que le composé calcaire dont on se sert pour la grande culture et pour les autres méthodes.

VII. — Couche mixte sous châssis.

Pour la confection de cette couche, le fumier est préparé de la même manière que pour la culture commerciale des Champignons, (1) mais en le tenant toutefois un peu moins avancé dans sa fermentation.

On creuse une fosse de 0 m. 40 de profondeur, d'une largeur de 1 mètre environ et de la longueur que l'on désire. On garnit d'abord le fond d'un lit de fumier de 0 m. 15 d'épaisseur que l'on a soin de tasser fortement et régulièrement, et sur lequel on pose tous les 0 m. 15 et à plat, des *mises* (2) de blanc de Champignon (mycélium), en ayant soin de les placer sur les bords de la couche, pour éviter que la fermentation brûle le mycélium.

(1) Voir le chap. XIII pour les détails de cette préparation.

(2) On nomme *mises*, *lards* ou *lardons* les petites plaquettes de blanc ayant de cinq à six centimètres de côté, et un à deux d'épaisseur.

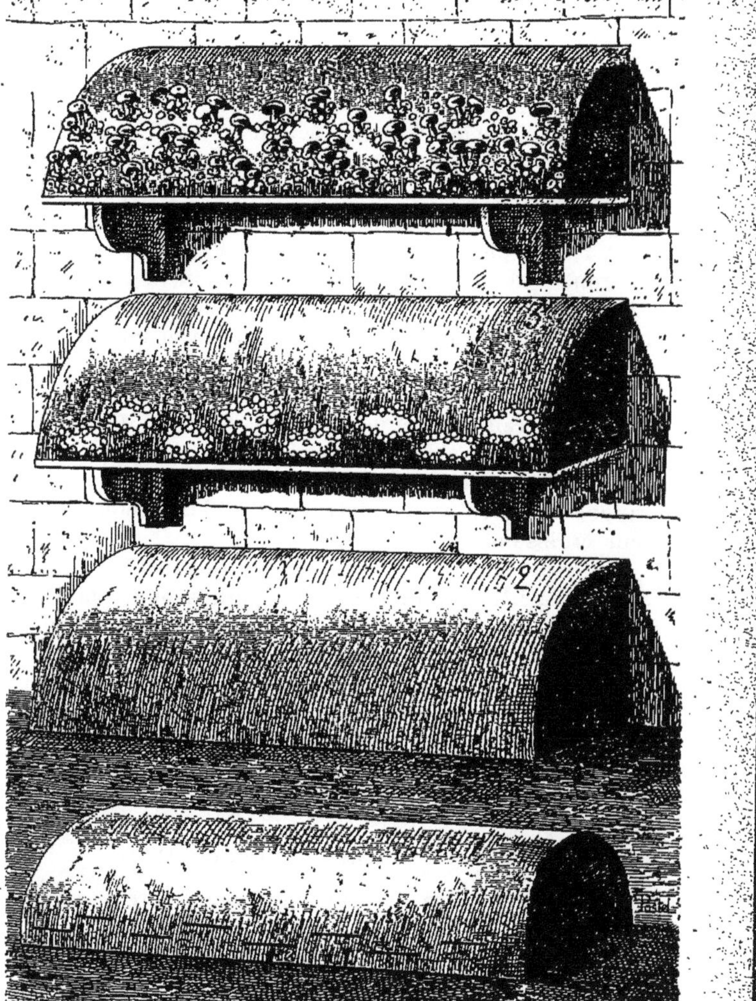

Fig. 32. — *Disposition des couches en acôt étagées.*

1, Les traits indiquent la place des *mises*. — 2. Acôt gobeté. — Les couronnes schématiques montrent l'endroit où apparaissent les premiers Champignons. — 4, Acôt en production,

Sur le tout ainsi disposé, on place une seconde couche
de fumier de 0 m. 25. Pour éviter les coups de feu du
fumier, on perce dans la couche, tous les 0 m. 25, des
trous avec un piquet bien pointu. Cela fait, on la recouvre d'une épaisseur de 0 m. 04 de terreau, puis on
y sème des plants quelconques : radis, salade, etc. qui
devront être enlevés avant l'apparition des premiers
Champignons. On arrose de temps en temps, afin d'entretenir une humidité légère et constante, et activer ainsi
la végétation.

En outre, il est bon d'aménager tout autour de la
couche un cadre percé de trous et recouvert de châssis
sur lesquels on place une chemise de litière, dès l'apparition des Champignons, de manière à éviter que les
rayons du soleil ne les dessèchent et les arrêtent dans
leur croissance.

On peut également couvrir directement la couche
avec de la litière longue ou des paillassons, mais ce
système a l'inconvénient de détruire ou d'arracher une
quantité de petits Champignons quand on enlève l'enveloppe pour faire la récolte. De plus, ce mode de couverture n'est pas suffisant pour empêcher l'excès d'humidité pendant les saisons pluvieuses.

Il y a donc intérêt à pratiquer cette culture dans des
endroits mieux abrités.

VIII. — Culture en meules (1).

Ce procédé offre déjà des avantages sur le précédent.

Dans un local bien abrité du soleil et des intempéries, on construit des meules comme pour la culture en
carrières de 0 m. 45 de largeur à leur base et 0 m. 15 à

Voir le chap. xiv, par. 3, 4 et 5.

leur sommet, sur 0 m. 55 de hauteur. On tasse fortement le fumier et on en peigne les côtés ; puis on place les mises de blanc sur les bords de distance en distance, espacées de 0 m. 10 sur deux rangs alternés. On recouvre d'une chemise de 0 m. 02 d'épaisseur de terres végétale et calcaire bien mélangées ; puis on entretient l'humidité par des arrosages légers, répétés suivant les besoins.

Dans ce genre de culture, la production commence au bout d'un temps plus ou moins long suivant le degré de température.

IX. — Meules étagées.

On peut encore cultiver des Champignons, en construisant des meules comme il a été dit ci-dessus ; seulement, si l'on ne dispose pas d'un local très grand, ou que l'on veuille économiser la place, on les étagera. On placera à cet effet dans une cave, un cellier ou dans tout autre endroit, deux ou trois tablettes adossées au mur, de manière toutefois que la meule supérieure se trouve à portée de la main. On établira donc, comme le montre la gravure (fig. 32) une meule sur chacun des rayons, une meule en acôt par terre contre le mur et enfin une ou plusieurs meules sur le sol. Cette installation permet comme on le voit de multiplier la culture dans un local restreint, elle est, en ce sens, très recommandable.

X. — Couches portatives.

Un autre procédé très pratique, en raison de la facilité avec laquelle on peut transporter la culture d'un endroit dans un autre, consiste à mettre du fumier ou du crottin de cheval dans des caisses ou des baquets peu profonds, à placer le blanc nécessaire et à couvrir d'un peu de terreau. Dans ce cas, la production a lieu 35 à 40 jours après.

Cette dernière méthode est assez connue et mise en pratique surtout en Angleterre, où beaucoup d'hôtels ont une couche à Champignons installée dans une sorte de tiroir placé sous la table de la cuisine. Les Champignons y croissent rapidement, mais, par contre, la durée de production est très limitée à cause de l'excès de chaleur du local.

CHAPITRE XXIV

LA CONSERVATION DES CHAMPIGNONS
PROCÉDÉS D'AMATEURS

I. Possibilité pour les amateurs de préparer les conserves de Champignons; méthode Appert. — II. Conserves au vin blanc et au beurre. — III. Recettes diverses. — IV. Champignons au vinaigre. — V. Sauce aux Champignons ou *Mushroom Catsup*.

I. — Possibilité pour les amateurs de préparer les conserves de Champignons ; méthode Appert.

La conservation des Champignons n'est pas exclusivement industrielle. Il est loisible aux personnes qui se livrent à la production de cet excellent légume, pour l'approvisionnement de leur table, de ne pas laisser perdre les récoltes qui restent inemployées. C'est dans ce but que nous avons cru bon de signaler quelques recettes de conservation à la portée de tous.

Dans les ménages, on peut opérer suivant le procédé industriel, qui est la méthode Appert, en simplifiant toutefois les opérations. Il est évident que, pour soi, on n'a pas besoin d'obtenir un Champignon aussi blanc que pour la vente ; l'emploi des acides peut donc être supprimé et remplacé par quelques jus de citron.

Au lieu de boîtes, on remplira des flacons à fermeture hermétique qui n'exigent ni soudure, ni sertissure, et qui se bouchent par simple aspiration.

Pour la stérilisation, ces flacons seront disposés dans un récipient quelconque en les séparant avec de la paille ou des linges, afin que l'ébullition ne les fasse pas casser en les choquant l'un contre l'autre.

Il est bien entendu qu'on les mettra à l'eau froide que l'on poussera doucement à ébullition.

On les laissera bouillir un peu plus longtemps que les boîtes, car celles-ci, étant stérilisées sous pression, courent moins le risque de fermenter.

Lorsque les flacons auront suffisamment bouilli, soit une demi-heure environ pour ceux d'un demi-litre, on les laissera refroidir sans les sortir de l'eau d'où on ne les enlèvera que complètement froids.

II. — Conserve au vin blanc et au beurre.

Il arrive quelquefois que l'on a des Champignons en trop grande quantité pour pouvoir les utiliser de suite et cependant pas assez pour les conserver en flacons.

De plus, il est toujours agréable d'en avoir sous la main quand on les veut, surtout en province où l'on ne trouve pas des Champignons tous les jours sur les marchés.

Voici un moyen facile de les conserver qui rendra service à bien des maîtresses de maison :

Après avoir coupé le pied terreux des Champignons (mais sans essayer d'enlever l'épiderme du chapeau) et les avoir lavés à plusieurs eaux, on les met dans une casserole avec un demi-verre de vin blanc, un demi-verre d'eau et un jus de citron par kilogramme. On laisse cuire doucement de 10 à 15 minutes.

L'eau que rendent les Champignons mêlée au vin blanc arrive à les baigner complètement. On ajoute du sel, du poivre et du beurre bien frais, environ 125 grammes pour 1 kilogramme de Champignons, mais en moindre proportion pour une plus grande quantité.

Aussitôt cuits, on verse le tout dans un vase en terre ou une terrine en grès, que l'on descend à la cave.

Le beurre remonte alors à la surface et forme en refroidissant une sorte d'enrobage qui empêche l'air de pénétrer. Les Champignons se conservent ainsi, étant au frais, pendant un mois et plus. Si l'on n'a besoin que d'une petite partie de la conserve, il suffit, après s'être servi de reboucher le reste avec du beurre fondu.

Nous devons ajouter que le jus est excellent et peut-être utilisé pour la préparation des sauces auxquelles il donne un goût exquis.

III. — Recettes diverses.

1° On remplit des flacons avec des Champignons, que l'on a fait cuire (*blanchis*) quelques minutes, au préalable, et auxquels on ajoute quelques échalotes. On verse sur le tout la quantité de bon vin blanc nécessaire pour remplir les flacons que l'on ferme hermétiquement. On cuit au bain-marie pendant une demi-heure à peu près et on laisse refroidir l'eau avant de retirer les flacons.

2° Un procédé très économique consiste à opérer pour les Champignons comme pour les légumes ordinaires. On les fait bouillir et on les place dans des terrines que l'on remplit d'eau salée. Il est certain que cette méthode n'est pas aussi recommandable que les autres, car le Champignon perd beaucoup de son arome.

3" On nettoie les Champignons et on les coupe par tranches que l'on met sécher sur une claie en bois, en observant de n'établir qu'une couche et en évitant de les laisser se toucher.

Lorsque la dessication est complète, on les met dans des sacs que l'on suspend à l'ombre dans un endroit bien aéré. On peut également les dessécher au four après qu'on a retiré le pain, mais il faut que la chaleur

soit très douce pour éviter la cuisson ou la dessication forcée qui enlèverait au Champignon tout son
parfum. Au moment où l'on veut utiliser les Champignons secs, il est bon de les faire revenir en les faisant
tremper quelques minutes dans de l'eau tiède.

Une fois bien secs les Champignons peuvent être pul-
vérisés au moyen d'un moulin. La poudre se conserve
dans des flacons ou des bouteilles bien bouchés.

Employée dans les sauces, les ragoûts, etc., elle leur
donne un arome très délicat et une consistance très
appréciés des gourmets.

IV. — Champignons au vinaigre.

Après avoir blanchi les Champignons, comme il a été
dit précédemment on les égoutte et on les place un à un
dans des bocaux en ayant soin de les mettre la tête en
haut. On ajoute quelques petits oignons blancs, grains
de poivre, clous de girofle, estragon, etc., et on finit de
remplir avec du vinaigre blanc de premier choix. Il ne
reste plus qu'à boucher soigneusement les bocaux.

Ces Champignons sont délicieux comme condiments
à l'égal des pickles, et autres légumes au vinaigre,

V. — Sauce aux Champignons ou *Mushroom Catsup*.

On coupe des Champignons en tranches très minces
et on les dispose par couches dans des terrines en
saupoudrant chaque lit avec du sel blanc. Les terrines
sont mises à la cave et on laisse macérer pendant quatre
ou cinq jours. Au bout de ce temps les Champignons
seront presque fondus. Ils sont alors pressés fortement.
dans un linge et on laisse reposer le jus ainsi obtenu
pendant quelques heures. Celui-ci est décanté afin
d'enlever le dépôt qui a pu se produire, et on le fait
réduire d'un tiers sur un feu doux. On le passe à l'éta-

mine, ou mieux, on le filtre pour lui enlever toute impureté. Ceci fait on le verse alors dans des flacons en y ajoutant deux cuillérées de teinture aromatique, un peu de poivre, de.citron de jardin, et des feuilles de laurier.

Les flacons devront être tenus au frais. Cette sauce que l'on peut considérer comme une véritable essence de Champignons, est un mets très fin et très apprécié surtout mangé avec du poisson de mer bouilli. Elle est d'un usage courant en Angleterre.

CONCLUSION

Voici donc terminée la tâche que nous nous sommes imposée. Comme on a pu s'en rendre compte au cours de la lecture de ce livre, nous n'avons voulu faire ici ni une œuvre littéraire, ni une œuvre scientifique, mais uniquement un ouvrage de vulgarisation. Nous nous sommes appliqué à faire connaître le plus simplement possible, la culture du Champignon dans toutes ses formes. Nous avons, par cela même, été appelé à traiter divers sujets qui ont pu paraître un peu en dehors de la culture proprement dite et, cependant, c'est à dessein que nous nous y sommes arrêté.

En effet, il était indispensable de présenter au lecteur les héros muets qu'il devait retrouver plus loin, de l'initier à leur histoire, à leurs caractères, à leurs modes de vie, ainsi qu'aux ennemis qu'ils rencontrent sur leur route, semblables en cela à tout ce qui existe. Nous nous sommes néanmoins étendu plus longuement sur les points essentiels et les particularités des notions et des applications culturales, c'est-à-dire sur certains phénomènes qui, bien qu'exerçant une influence prépondérante sur la végétation de ce Cryptogame, sont encore à peu près ignorés des praticiens.

Notre but a été, par conséquent, de faire profiter nos collègues du fruit de nos observations et de nos vingt années d'expériences et d'essais, en même temps que leur donner, ainsi qu'au débutant, les notions suffisantes pour leur éviter les tâtonnements et les déboires que nous avons eu nous-même à subir.

Nous croirons avoir atteint pleinement notre but, si

nous arrivons à soulever des critiques, à faire jaillir de la discussion la lumière d'où naîtra peut-être le perfectionnement d'une branche de l'agriculture presque inconnue et pourtant si intéressante.

Dans notre corporation, où la réussite dépend plus encore de ce que l'on peut appeler la chance, que du travail ou du savoir, les haines et les jalousies de métier devraient être bannies, car celui à qui la fortune sourit aujourd'hui, peut, à son tour, demain, subir les caprices de ce bizarre Cryptogame. Il est juste de dire ici, à l'avantage des champignonnistes d'origine, que les dissentiments proviennent surtout des frais émoulus du métier qui, après s'être accaparés et nos connaissances, et nos ouvriers initiés, s'enorgueillissent de leur réussite et, l'attribuant à leurs talents si facilement acquis, se croient supérieurs à ceux à qui, en réalité, ils la doivent.

Souhaitons donc qu'une solidarité absolue, une fraternité sincère, nous unissent désormais et nous permettent de triompher quand même.

Espérons encore qu'un jour viendra où, chacun apportant la part de connaissances que lui donne la pratique, d'autres poursuivront l'œuvre que nous avons commencee et parviendront enfin à pénétrer tous les secrets de notre mystérieuse culture, au profit de tous ceux qu'elle intéresse, professionnels ou amateurs.

TABLE DES MATIÈRES

www.ingramcontent.com/pod-product-compliance
Ingram Content Group UK Ltd.
Pitfield, Milton Keynes, MK11 3LW, UK
UKHW020826120726
13693UKWH00002B/483